科研事业单位内部控制体系建设研究与实务

王双双 ◎ 著

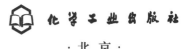

内 容 简 介

本书全面梳理了科研事业单位内部控制体系的建设流程，详细讲解了科研事业单位内部控制体系建设的要点与实务。

主要内容包括：科研事业单位概述、内部控制入门、内部控制研究综述、内部控制体系建设主要工作、启动风险评估工作、启动单位层面内部控制建设工作、启动业务层面内部控制建设、预算业务控制、收支业务控制、政府采购业务控制、资产控制、建设项目控制、合同控制、《内部控制手册》的编制、内部控制报告、内部控制监督、内部控制信息化工作、内部控制建设维护、关于内部控制体系建设的思考。

本书可为科研事业单位领导者、科研事业单位内部控制负责人，以及对科研事业单位内部控制体系建设有兴趣的读者提供参考。

图书在版编目（CIP）数据

科研事业单位内部控制体系建设研究与实务 / 王双双著. — 北京：化学工业出版社，2022.10
ISBN 978-7-122-42353-5

Ⅰ. ①科… Ⅱ. ①王… Ⅲ. ①科学研究组织机构-内部审计-研究-中国 ②行政事业单位-内部审计-研究-中国 Ⅳ. ① G322.2 ② F239.66

中国版本图书馆 CIP 数据核字（2022）第 188022 号

责任编辑：贾　娜　　　　　　　　　　文字编辑：郑云海　陈小滔
责任校对：刘曦阳　　　　　　　　　　装帧设计：水长流文化

出版发行：化学工业出版社（北京市东城区青年湖南街 13 号　邮政编码 100011）
印　　装：北京科印技术咨询服务有限公司数码印刷分部
710mm×1000mm　1/16　印张 17¼　字数 282 千字　2022 年 10 月北京第 1 版第 1 次印刷

购书咨询：010-64518888　　　　　　　　　　售后服务：010-64518899
网　　址：http://www.cip.com.cn
凡购买本书，如有缺损质量问题，本社销售中心负责调换。

定　　价：138.00 元　　　　　　　　　　　　　　　版权所有　违者必究

前言

科研事业单位以科技研发、知识创新为使命，在大力提升我国自主创新能力、支撑科技高质量发展等方面起着重要的推动作用，是国家科技创新体系的重要组成部分之一。完善的内部控制体系，是科研事业单位有效履职，提高公共服务效率和效果的必要保障条件。

2012年，财政部发布《行政事业单位内部控制规范（试行）》，将行政事业单位内部控制定义为单位为实现控制目标，通过制定制度、实施措施和执行程序，对经济活动的风险进行防范和管控。科研事业单位内部控制的核心，即将科研事业单位在履职过程中需要遵守的外部法律法规、上级部门或主管部门的规章制度、单位内部的实际管理要求等，通过制定制度的方式，将内外部要求以制度的方式固化下来，并通过实施必要的措施（如不相容岗位分离、业务归口管理）、执行必要的程序（如授权审核和审批、信息主动公开）等，加强内部管理、强化权力运行制约的过程。

内部控制的建立和实施，可以为科研事业单位建立有效的管理体制、运行体制和高效的资金管理体制提供保障。2012年至今，财政部陆续制定了关于内部控制建设、基础性评价、内部控制报告管理等一系列制度，对内部控制的建立、实施、评价、监督提出了明确要求。近年来，围绕科研管理的"放管服"改革，为科研人员松绑、项目实施"包干制"管理、加大激励等政策逐步出台。如何给科研人员创造良好的科研环境，又保障科研经费使用合法合规，这对单位内部管理提出了更高要求。

科研事业单位内部控制体系建设是一项十分复杂的工作，本书全面梳理了科研事业单位内部控制体系的建设流程，详细讲解了科研事业单位内部控制体系建设的要点与实务。主要内容包括：科研事业单位概述、内部控制入门、内部控制研究综述、内部控制体系建设主要工作、启动风险评估工作、启动单位层面内部控制建设工作、启动业务层面内部控制建设、预算业务控制、收支业务控制、政府采购业务控制、资产控制、建设项目控制、合同控制、《内部控制手册》的编制、内部控制报告、内部控制监督、内部控制信息化工作、内部控制建设维护、关于内部控制体系建设的思考。

鉴于笔者的水平能力所限，书中相关观点仅仅是一家之言，不当之处在所难免，敬请广大读者批评指正。

王双双
2022年5月

目录

第 1 章　科研事业单位概述

1.1　科研事业单位基本情况 002

1.2　科研事业单位开展内部控制的必要性 003

第 2 章　内部控制入门

2.1　了解《行政事业单位内部控制规范（试行）》 011

2.2　了解与内部控制相关的法律法规和政策要求 015

　　2.2.1　《中华人民共和国会计法》及相关要求 015

　　2.2.2　《中华人民共和国审计法》及相关要求 016

2.3　两个《决定》对内部控制的相关要求 018

　　2.3.1　党的十八届四中全会的决定 018

　　2.3.2　党的十九届四中全会的决定 018

2.4　内部控制的理论依据 019

第 3 章　内部控制研究综述

3.1　内部控制建设探索研究 022

3.2 内部控制体系建设系统研究 022
3.2.1 对《内控规范》的研究 022
3.2.2 对内部控制建设报告的研究 023
3.2.3 对内部控制建设体系的研究 024
3.3 内部控制建设理论研究 028
3.4 会计制度、会计监督与内部控制的协同研究 029
3.5 内部控制与廉政风险防控、预防腐败研究 030

第 4 章　内部控制体系建设主要工作

4.1 内部控制体系建设思路 032
4.1.1 重视顶层设计 032
4.1.2 做到两个覆盖 032
4.1.3 做好系统衔接 033
4.1.4 加强信息化建设 034
4.2 制定内部控制建设方案 034
4.2.1 提前需要了解的问题 034
4.2.2 建设方案示例 035
4.3 召开内部控制工作动员部署会 042
4.4 开展内部控制现状评价工作 043
4.4.1 内部控制现状评价的标准 044
4.4.2 内部控制现状评价的基本原则 044
4.4.3 内部控制现状评价工作的开展 046
4.4.4 形成内部控制现状评价报告 047
4.4.5 内部控制现状评价结果应用 047

- 4.5 开展内部控制风险评估工作 047
  - 4.5.1 建立风险评估机制 048
  - 4.5.2 风险评估的范围和内容 048
  - 4.5.3 风险评估的原则 049
  - 4.5.4 对风险评估部门的要求 050
  - 4.5.5 风险评估报告的使用 050
- 4.6 开展单位层面内部控制建设工作 050
  - 4.6.1 认识单位层面内部控制建设的重要性 050
  - 4.6.2 进行充分的准备工作 051
  - 4.6.3 准确把握建设的重点 052
- 4.7 开展业务层面内部控制建设工作 053
  - 4.7.1 预算业务是内部控制的龙头 053
  - 4.7.2 收支业务是内部控制的核心 053
  - 4.7.3 政府采购等业务控制的重点是合法合规 054
- 4.8 启动内部控制制度汇编工作 054
  - 4.8.1 内部控制制度体系的构成 054
  - 4.8.2 如何起草内部控制制度 055
- 4.9 启动内部控制内控手册编制工作 057
- 4.10 完善内部控制信息化建设工作 058
- 4.11 持续进行内部控制建设运行维护工作 059

第 5 章 启动风险评估工作

- 5.1 与风险相关的定义 062
  - 5.1.1 风险的定义 062
  - 5.1.2 风险管理过程 062

5.2 开展风险评估工作 ... 063
5.2.1 制定风险评估管理办法 ... 063
5.2.2 制定风险评估方案 ... 064
5.2.3 开展风险评估 ... 064

5.3 风险评估报告及结果运用 ... 066

5.4 风险控制的主要方法 ... 067
5.4.1 不相容岗位分离 ... 067
5.4.2 内部授权审批控制 ... 067
5.4.3 归口管理 ... 068
5.4.4 预算控制 ... 068
5.4.5 财产保护控制 ... 068
5.4.6 会计控制 ... 069
5.4.7 单据控制 ... 069
5.4.8 信息内部公开 ... 070

第 6 章 启动单位层面内部控制建设工作

6.1 组织架构控制 ... 073
6.1.1 案例分析 ... 073
6.1.2 组织架构 ... 074
6.1.3 控制目标 ... 076
6.1.4 可能存在的风险 ... 076
6.1.5 控制措施 ... 076

6.2 议事决策控制 ... 077
6.2.1 案例分析 ... 077
6.2.2 议事决策机制的定义及基本流程 ... 078
6.2.3 控制目标 ... 078

  6.2.4 可能存在的风险 078
  6.2.5 控制措施 079

6.3 **关键岗位控制** 080
  6.3.1 案例分析 080
  6.3.2 关键岗位 081
  6.3.3 控制目标 081
  6.3.4 可能存在的风险 081
  6.3.5 控制措施 082

6.4 **关键人员控制** 082
  6.4.1 案例分析 082
  6.4.2 关键人员 083
  6.4.3 控制目标 083
  6.4.4 可能存在的风险 083
  6.4.5 控制措施 084

6.5 **会计系统控制** 085
  6.5.1 案例分析 085
  6.5.2 会计系统 086
  6.5.3 控制目标 086
  6.5.4 可能存在的风险 086
  6.5.5 控制措施 087

6.6 **信息系统控制** 088
  6.6.1 案例分析 088
  6.6.2 信息系统 088
  6.6.3 控制目标 089
  6.6.4 可能存在的风险 089
  6.6.5 控制措施 090

第 7 章　启动业务层面内部控制建设

7.1 回归内部控制的本质 092
7.1.1 了解单位的内部控制目标 092
7.1.2 单位能否实现内部控制目标 093
7.1.3 如何精准制定制度、实施措施和执行程序 094

7.2 对内部控制建设形成全景认识 094

7.3 抓内部控制建设的主要和重点工作 095

第 8 章　预算业务控制

8.1 案例分析 098

8.2 预算业务内部控制建设路径 099

8.3 预算业务控制概述 101
8.3.1 国家层面预算要求 101
8.3.2 事业单位预算相关要求 102
8.3.3 预算业务控制目标 104

8.4 预算业务控制主要流程 105
8.4.1 预算编制环节 106
8.4.2 预算执行环节 107
8.4.3 预算调整环节 108
8.4.4 决算环节 109
8.4.5 项目绩效评价环节 110

8.5　预算业务的主要风险点及控制措施 111

8.6　预算业务内部控制主要依据 112

8.7　预算授权审批权限及不相容岗位分离表 112

8.8　需要关注的问题 113

第 9 章　收支业务控制

9.1　案例分析 116

9.2　收支业务内部控制建设路径 116

9.3　收支业务控制概述 118

9.4　收支业务的主要流程 121

  9.4.1　财政收入管理流程 121

  9.4.2　非财政收入管理流程 122

  9.4.3　支出审批与支付流程 123

  9.4.4　零余额账户支出审批与支付流程 124

  9.4.5　债务管理流程 125

9.5　收支业务的主要风险点及控制措施 126

9.6　收支业务内部控制主要依据 127

9.7　收支授权审批权限及不相容岗位分离表 128

9.8　需要关注的问题 129

  9.8.1　收入应收尽收 129

  9.8.2　按要求和标准进行支出 130

第10章 政府采购业务控制

- 10.1 案例分析 ... 143
- 10.2 政府采购业务内部控制建设路径 ... 143
- 10.3 政府采购业务控制概述 ... 145
  - 10.3.1 政府采购的定义 ... 145
  - 10.3.2 政府采购当事人 ... 146
  - 10.3.3 政府采购的分类 ... 147
  - 10.3.4 政府采购控制目标 ... 148
- 10.4 政府采购的主要流程 ... 150
- 10.5 政府采购的主要风险点及控制措施 ... 151
- 10.6 政府采购内部控制主要依据 ... 153
- 10.7 政府采购授权审批权限及不相容岗位分离表 ... 153
- 10.8 需要关注的问题 ... 154
  - 10.8.1 准确把握政府购买服务相关政策 ... 154
  - 10.8.2 面向中小企业的政府采购 ... 156
  - 10.8.3 对政府采购预算资金的把握 ... 157

第11章 资产控制

- 11.1 案例分析 ... 159
- 11.2 资产内部控制建设路径 ... 159
- 11.3 资产控制概述 ... 162
  - 11.3.1 资产的定义 ... 162
  - 11.3.2 资产的分类 ... 162

  11.3.3 资产业务控制目标 165

 11.4 资产业务的主要流程 167

  11.4.1 银行存款管理流程 167

  11.4.2 银行账户管理流程 168

  11.4.3 资产配置管理流程 169

  11.4.4 资产盘点管理流程 170

  11.4.5 资产处置管理流程 171

  11.4.6 对外投资流程 172

 11.5 资产业务的主要风险点及控制措施 173

 11.6 资产业务内部控制主要依据 174

 11.7 资产审批权限及不相容岗位分离表 175

 11.8 需要关注的问题 176

第12章　建设项目控制

 12.1 案例分析 179

 12.2 建设项目内部控制建设路径 179

 12.3 建设项目控制概述 181

 12.4 建设项目的主要流程 184

 12.5 建设项目的主要风险点及控制措施 186

 12.6 建设项目内部控制主要依据 187

 12.7 预算授权审批权限及不相容岗位分离表 187

 12.8 需要关注的问题 188

第13章 合同控制

- 13.1 案例分析 ... 191
- 13.2 合同控制内部控制建设路径 ... 191
- 13.3 合同控制概述 ... 194
  - 13.3.1 合同的定义、订立形式及分类 ... 194
  - 13.3.2 合同业务控制内容 ... 196
  - 13.3.3 合同控制目标 ... 197
- 13.4 合同控制的主要流程 ... 198
  - 13.4.1 合同管理流程 ... 198
  - 13.4.2 合同纠纷管理流程 ... 200
  - 13.4.3 合同变更管理流程 ... 201
- 13.5 合同控制的主要风险点及控制措施 ... 202
- 13.6 合同控制的内部控制主要依据 ... 203
- 13.7 合同控制审批权限及不相容岗位分离表 ... 204
- 13.8 需要关注的问题 ... 205

第14章 《内部控制手册》的编制

- 14.1 什么是《内部控制手册》 ... 208
- 14.2 如何编制《内部控制手册》 ... 209

第15章 内部控制报告

15.1 编报要求 221
15.1.1 内部控制报告形式上的变化 221
15.1.2 内部控制报告内容的变化 222

15.2 报告编报 227

第16章 内部控制监督

16.1 内部监督 229
16.1.1 内部审计监督 229
16.1.2 内部控制自我评价 231
16.1.3 其他内部监督 233

16.2 外部监督 234
16.2.1 上级主管部门 234
16.2.2 财政部门 234
16.2.3 审计部门 235

第17章 内部控制信息化工作

17.1 案例分析 237
17.2 内部控制信息化概述 238
17.2.1 内部控制信息化的定义 238
17.2.2 内部控制信息化的外部要求 239
17.2.3 内部控制信息化的内部需求 239

17.3 内部控制信息化建设 241
17.3.1 评估单位内部控制信息化建设现状 241
17.3.2 进行内部控制信息化顶层设计 241
17.3.3 推动内部控制信息化方案落地实施 242
17.3.4 调整优化内部控制信息化 242

第18章 内部控制建设维护

18.1 加强内部控制队伍建设 244
18.1.1 关注与内部控制相关的书籍 244
18.1.2 关注与内部控制相关的政策变化 246
18.1.3 关注内部控制执行过程中发现的问题 246

18.2 优化《内部控制制度汇编》和《内部控制手册》 247

18.3 优化内部控制信息化相关内容 248

18.4 内部控制日常优化维护 248

第19章 关于内部控制体系建设的思考

19.1 换个角度看内部控制 251

19.2 培育优秀的内部控制建设团队 253

19.3 慎终如始对待内部控制体系建设 254

参考文献 257

第1章

科研事业单位概述

1.1 科研事业单位基本情况

事业单位是指国家为了社会公益目的，由国家机关举办或者其他组织利用国有资产举办的，从事教育、科研、文化、卫生、体育、新闻出版、广播电视、社会福利、救助减灾、统计调查、技术推广与实验、公用设施管理、物资仓储、监测、勘探与勘察、测绘、检验检测与鉴定、法律服务、资源管理事务、质量技术监督事务、经济监督事务、知识产权事务、公证与认证、信息与咨询、人才交流、就业服务、机关后勤服务等活动的社会服务组织。

按照社会功能，现有事业单位划分为承担行政职能、从事生产经营活动和从事公益服务三个类别。承担行政职能的事业单位，即承担行政决策、行政执行、行政监督等职能的事业单位；从事生产经营活动的事业单位，即所提供的产品或服务可以由市场配置资源、不承担公益服务职责的事业单位；从事公益服务的事业单位，即面向社会提供公益服务和为机关行使职能提供支持保障的事业单位。

从事公益服务的事业单位又细分为两类：公益一类事业单位和公益二类事业单位。

公益一类事业单位，即承担义务教育、基础性科研、公共文化、公共卫生及基层的基本医疗服务等基本公益服务，不能或不宜由市场配置资源的事业单位。这类单位不得从事经营活动，其宗旨、业务范围和服务规范由国家确定。

公益二类事业单位，即承担高等教育、非营利医疗等公益服务，可部分由市场配置资源的事业单位。这类单位按照国家确定的公益目标和相关标准开展活动，在确保公益目标的前提下，可依据相关法律法规提供与主业相关的服务，收益的使用按国家有关规定执行。

从事科学研究的事业单位，称为科研事业单位。有的研究，将科研事业单位细分为自然科学研究事业单位、社会科学研究事业单位、综合科学研究事业单位和其他科技事业单位。本研究统称为科研事业单位或单位。

科研事业单位的特点如下。

（1）主要职责是围绕科技创新，开展相关科学研究

《科研事业单位领导人员管理暂行办法》中规定，"领导班子的任期目

标，应当根据单位职能定位，围绕紧跟科技发展前沿、服务国家重大战略、推动经济社会发展等需要制定，体现科技成果产出和转化、创新平台建设、科技交流合作、服务社会公益、支撑产业发展、人才队伍建设和党的建设等内容。"对不同研究领域的事业单位领导人，还提出具体的任期目标。例如，主要从事基础研究的科研事业单位，任期目标应当以提升原始创新能力为核心，注重学术水平、科学贡献和创新源头供给；主要从事前沿技术研究的科研事业单位，任期目标应当以国家重大战略需求为导向，注重基础科技和关键技术领域的创新；主要从事社会公益研究的科研事业单位，任期目标应当以改善民生和支撑产业发展为重点，注重社会效益和共性技术产出。

（2）开展业务的主要经费来源是财政拨款

科研事业单位是事业单位的重要组成部分。按照2022年3月施行的《事业单位财务规则》（财政部令第108号）规定，排在事业单位收入第一位的是"财政补助收入"，即事业单位从本级财政部门取得的各类财政拨款。对科研事业单位而言，财政拨款收入主要分为基本收入（人员经费和运转类经费）和特定目标类收入。科研事业单位作为代理人，接受纳税人的委托，通过使用公共资金来提供社会服务。所以科研事业单位的资金资产使用，必然受到约束和控制，内部控制即起源于委托代理制。

（3）主要定位是向社会提供公益服务

科研事业单位是经济社会发展中提供公益服务的主要载体之一。再加上科研事业单位经费来源主要是财政拨款，这决定了与企业追求经济效益最大化不同，科研事业单位追求社会效益最大化，追求兼顾公平和效率，通过持续提高公益服务水平，面向社会提供高质量公益服务。

1.2 科研事业单位开展内部控制的必要性

（1）是落实全面依法治国战略的需要

依法治国是依照体现人民意志和社会发展规律的法律治理国家，而不是依照个人意志、主张治理国家；依法治国要求国家的政治、经济运作、社会各方面的活动通通依照法律进行，而不受任何个人意志的干预、阻碍或破坏。内部控制的五大控制目标，排第一位的就是要合理保证单位经济活动合法合规。

2014年10月，《中共中央关于全面推进依法治国若干重大问题的决定》指出，"坚持法律面前人人平等。平等是社会主义法律的基本属性。任何组织和个人都必须尊重宪法法律权威，都必须在宪法法律范围内活动，都必须依照宪法法律行使权力或权利、履行职责或义务，都不得有超越宪法法律的特权。"科研事业单位如何落实《中共中央关于全面推进依法治国若干重大问题的决定》的要求？以下将《中共中央关于全面推进依法治国若干重大问题的决定》与财政部2012年度发布的《行政事业单位内部控制规范（试行）》（财会〔2012〕21号）（以下简称《内控规范》）部分内容进行对比，见表1-1。

表1-1 《中共中央关于全面推进依法治国若干重大问题的决定》与《内控规范》部分内容对比

序号	相关内容	2014年《中共中央关于全面推进依法治国若干重大问题的决定》	2012年《内控规范》
1	预防腐败	二、（四）：加快推进反腐败国家立法，完善惩治和预防腐败体系，形成不敢腐、不能腐、不想腐的有效机制，坚决遏制和预防腐败现象	第四条：单位内部控制的目标主要包括……有效防范舞弊和预防腐败，提高公共服务的效率和效果
2	决策机制	三、（二）：健全依法决策机制。把公众参与、专家论证、风险评估、合法性审查、集体讨论决定确定为重大行政决策法定程序，确保决策制度科学、程序正当、过程公开、责任明确。建立行政机关内部重大决策合法性审查机制，未经合法性审查或经审查不合法的，不得提交讨论	第五条（一）：全面性原则。内部控制应当贯穿单位经济活动的决策、执行和监督全过程，实现对经济活动的全面控制。 第十条（二）：内部控制机制的建设情况。包括经济活动的决策、执行、监督是否实现有效分离；权责是否对等；是否建立健全议事决策机制、岗位责任制、内部监督等机制。 第十二条（二）：内部授权审批控制。明确各岗位办理业务和事项的权限范围、审批程序和相关责任，建立重大

续表

序号	相关内容	2014年《中共中央关于全面推进依法治国若干重大问题的决定》	2012年《内控规范》
2	决策机制		事项集体决策和会签制度。相关工作人员应当在授权范围内行使职权、办理业务。 第十四条：单位经济活动的决策、执行和监督应当相互分离。单位应当建立健全集体研究、专家论证和技术咨询相结合的议事决策机制。 重大经济事项的内部决策，应当由单位领导班子集体研究决定。重大经济事项的认定标准应当根据有关规定和本单位实际情况确定，一经确定，不得随意变更
3	权力制约和监督	三、（五）：强化对行政权力的制约和监督。加强党内监督、人大监督、民主监督、行政监督、司法监督、审计监督、社会监督、舆论监督制度建设，努力形成科学有效的权力运行制约和监督体系，增强监督合力和实效。 加强对政府内部权力的制约，是强化对行政权力制约的重点。对财政资金分配使用、国有资产监管、政府投资、政府采购、公共资源转让、公共工程建设等权力集中的部门和岗位实行分事行权、分岗设权、分级授权，定期轮岗，强化内部流程控制，防止权力滥用。完善政府内部层级监督和专门监督，改进上级机关对下级机关的监督，建立常态化监督制度。	第十二条（一）：不相容岗位相互分离。合理设置内部控制关键岗位，明确划分职责权限，实施相应的分离措施，形成相互制约、相互监督的工作机制。 第十五条：单位应当建立健全内部控制关键岗位责任制，明确岗位职责及分工，确保不相容岗位相互分离、相互制约和相互监督。单位应当实行内部控制关键岗位工作人员的轮岗制度，明确轮岗周期。不具备轮岗条件的单位应当采取专项审计等控制措施。 第六十条：单位应当建立健全内部监督制度，明确各相关部门或岗位在内部监督中的职责权限，规定内部监督的程序和要求，对内部控制建立与实施情况进行内部监督检查和自我评价。 第六十二条：单位应当根据本单位实际情况确定内部监督检查的方法、范围和频率。

续表

序号	相关内容	2014年《中共中央关于全面推进依法治国若干重大问题的决定》	2012年《内控规范》
3	权力制约和监督	完善审计制度，保障依法独立行使审计监督权。对公共资金、国有资产、国有资源和领导干部履行经济责任情况实行审计全覆盖。强化上级审计机关对下级审计机关的领导	第六十四条：国务院财政部门及其派出机构和县级以上地方各级人民政府财政部门应当对单位内部控制的建立和实施情况进行监督检查，有针对性地提出检查意见和建议，并督促单位进行整改。 国务院审计机关及其派出机构和县级以上地方各级人民政府审计机关对单位进行审计时，应当调查了解单位内部控制建立和实施的有效性，揭示相关内部控制的缺陷，有针对性地提出审计处理意见和建议，并督促单位进行整改
4	信息公开	三、（六）：重点推进财政预算、公共资源配置、重大建设项目批准和实施、社会公益事业建设等领域的政府信息公开	第十二条（八）：信息内部公开。建立健全经济活动相关信息内部公开制度，根据国家有关规定和单位的实际情况，确定信息内部公开的内容、范围、方式和程序

通过以上表格对比，不难得出这样的结论：内部控制是落实全面依法治国战略的重要抓手。科研事业单位的主要负责同志，是贯彻全面依法治国战略和内部控制体系建设的第一责任人。单位主要负责同志在牵头开展内部控制体系建设的同时，也是单位依法治国的重要组织者、推动者和实践者。

（2）是落实国家治理体系和治理能力现代化的需要

广义的国家治理同时涵盖了纵向、横向、时间、空间等四个维度。在纵向上，涵盖从中央到地方，再到基层以及组织、个体层面的治理；在横向上，涵盖政府、市场、社会等领域的治理。在空间范围上，涉及东中西等不同地区、不同省市县的协调与管理；在时间维度上，涉及从宏观上制定当下和未来的发展战略两方面。

国家治理现代化要落实到地方、基层、组织以及个体层面。换言之，每一个个体、每一个组织都有义务通过推动自身治理体系和治理能力现代化，来落实国家层面的治理体系、治理能力现代化。科研事业单位是创新驱动发展的重要支撑，是科技创新体系的重要组成部分。科研事业单位治理体系和治理能力现代化，是国家治理体系和治理能力现代化的重要组成部分。

随着事业单位进一步深化改革，一部分科研事业单位撤销，一部分科研事业单位合并整合其他单位后做大做强。新的事业单位整合改革完成后，职责与之前比较发生了变化，原来的制度已不能适应新单位的需要，迫切需要建章立制，开展内部控制体系建设，规范单位内部运行，提高单位管理水平，规范单位权力运行机制。通过建立起单位层面和业务层面内部控制制度，使内部控制与机构改革的需求、单位未来的发展需求相吻合，为改革后新的单位各项事业发展、履职尽责奠定坚实基础，促进单位治理体系和治理能力现代化。

（3）是落实财政部加强内部控制管理的需要

2012年，财政部发布《内控规范》，标志着我国行政事业单位内部控制体系建设全面启动。《内控规范》第二条明确规定，规范适用于各级党的机关、人大常委会机关、行政机关、政协机关、审判机关、检察机关、各民主党派机关、人民团体和事业单位经济活动的内部控制。2015年，财政部发布《关于全面推进行政事业单位内部控制建设的指导意见》（财会〔2015〕24号），明确提出，到2020年，基本建成与国家治理体系和治理能力现代化相适应的，权责一致、制衡有效、运行顺畅、执行有力、管理科学的内部控制体系，更好发挥内部控制在提升内部治理水平、规范内部权力运行、促进依法行政、推进廉政建设中的重要作用。2016年发布《关于开展行政事业单位内部控制基础性评价工作的通知》（财会〔2016〕11号），明确基础性评价的工作目标、基本原则、工作安排和相关要求，并提出评价指标体系，期望以评促建，带动行政事业单位完善内部控制体系建设。2016年发布《会计改革与发展"十三五"规划纲要》（财会〔2016〕19号），全面推行内部控制规范体系，将完善内部控制规范体系作为"十三五"规划任务之一。2017年发布《行政事业单位内部控制报告管理制度（试行）》（财会〔2017〕1号），明确行政事业单位应每年度组织编制内部控制报告，在规定时间内向上级部门报送并做好报告的使用工作。2021年印发《会计改革与发展"十四五"规划纲要》（财会〔2021〕27号）。在总体目标中明确提出完善内部控制体系。提出全面修订完善内部控制规范体系，强化行政事业单位建立并有效实施内部控制的责任。因此，对科研事业单位来说，内部控制不应再是有没有的问题，而是优不优的问题。

（4）是加强对"一把手"和领导班子监督的需要

领导干部责任越重大、岗位越重要，就越要加强监督。"一把手"作为"关键少数"中的关键，是党内监督的重中之重。2021年3月，中共中央发布《关于加强对"一把手"和领导班子监督的意见》，由充分认识加强对"一把手"和领导班子监督的重要性紧迫性、加强对"一把手"的监督、加强同级领导班子监督、加强对下级领导班子的监督、切实加强党对监督工作的领导等五个方面共二十五条组成。

在加强对"一把手"监督方面，第五条指出要"贯彻执行民主集中制，完善'三重一大'决策监督机制"。要求把"三重一大"决策制度执行情况作为巡视巡察、审计监督、专项督查的重要内容。在加强同级领导班子监督方面，第十条指出要"坚持集体领导制度，严格按规则和程序办事。"要求完善领导班子议事规则，重要事项须提交领导班子会议讨论，领导班子成员应当充分发表意见，意见分歧较大时应当暂缓表决，对会议表决情况和不同意见应当如实记录、存档备查。在加强对下级领导班子监督方面，第十六条指出要"把制度的笼子扎得更紧更牢，推进监督工作规范化"。要求要制度管权管事管人，建立定期轮岗、干部交流等制度。在切实加强党对监督工作的领导方面，指出要"以党内监督为主导，贯通各类监督。"明确以党内监督为主导，推动人大监督、民主监督、行政监督、司法监督、审计监督、财会监督、统计监督、群众监督、舆论监督贯通协调、形成合力。

内部控制体系建设作为财会监督重要的抓手，通过建立健全单位决策、执行、监督为一体的组织架构建设，建立健全以"三重一大"议事决策为主的工作机制、关键岗位控制、关键人员控制等内部控制机制建设，可以完善和强化对单位"一把手"和领导班子的监督。

（5）是建立良好科研环境的需要

科研人员是科研事业单位的核心力量，良好的科研环境可以激发科研人员的主动性和创造性，从而提升科研成果产出能力。宏观来讲，科研环境包括物质环境、文化环境、制度环境和合作环境等。从内部控制建设角度来看，主要是通过单位内部控制体系建设，为科研人员提供相应的科研制度环境和文化环境。目前，部分科研事业单位依旧存在科研经费管理内部控制意识薄弱、财务与业务部门信息沟通不畅、重视项目结项而忽略项目绩效评价、科研经费支出规范性不够、缺乏信息化手段对科研经费预算控制等现象,由此导致的问题也不在少数。一个内部管理混乱的科研事业单位,不可能有良好的科研产出。因此,开展内部控制体系建设,提升内部管理水平,对科研事业单位格外重要。内部控制工作作为"一把手"工程,要求单位负责人对本单位内部控制的建立健全和有效实施负责。在科研事业单位负责人的带领下,建立有效的单位内部控制环境,建立并实施有效的"三重一大"、科研经费管理、会议、差旅、培训费、政府采购、资产管理、合同管理等内部控制制度,创造良好的科研环境,科研人员才能心无旁骛地做研究。

第 2 章

内部控制入门

2.1 了解《行政事业单位内部控制规范（试行）》

2012年，财政部发布《内控规范》，首次对行政事业单位"内部控制"进行定义。《内控规范》第三条指出，内部控制是指"单位为实现控制目标，通过制定制度、实施措施和执行程序，对经济活动的风险进行防范和管控"。这个定义，涵盖了内部控制工作的全部内容，值得我们仔细推敲、研究和学习。多问几个为什么，可以将内部控制建设工作做得更好。

第1个问题：为什么是内部控制，而不是外部控制或其他控制？

《内控规范》第一条指出："为了进一步提高行政事业单位内部管理水平，规范内部控制，加强廉政风险防控机制建设，根据《中华人民共和国会计法》《中华人民共和国预算法》等法律法规和相关规定，制定本规范。"从这里可以看出，内部控制是与外部控制相对应的，是提高单位内部管理水平的手段。

第2个问题：定义中的"单位"指哪些？

《内控规范》第二条指出："本规范适用于各级党的机关、人大常委会机关、行政机关、政协机关、审判机关、检察机关、各民主党派机关、人民团体和事业单位（以下统称单位）经济活动的内部控制。"从此条可以看出，科研事业单位属于"单位"范畴，必须遵循《内控规范》的相关要求。

第3个问题：定义中的"控制目标"指什么？

《内控规范》第四条指出："单位内部控制的目标主要包括：合理保证单位经济活动合法合规、资产安全和使用有效、财务信息真实完整，有效防范舞弊和预防腐败，提高公共服务的效率和效果。"这五个目标，是行政事业单位内部控制的总体目标，科研事业单位可根据职责使命和实际情况进行适当细化。

第4个问题：定义中的"内部控制"是指对什么进行控制？

对经济活动中的风险进行控制，以保证科研事业单位可以实现上述五个控制目标，可以正常履职。2015年，财政部发布《关于全面推进行政事业单位内部控制建设的指导意见》（财会〔2015〕24号），已明确提出要将控制对象从经济活动层面拓展到全部业务活动和内部权力运行，这说明风险控制将从经济业务扩展到全部业务活动和内部权力运行。本书仍以控制经济活动中风险为主，讲述最基本的内部控制方法和建设内容。

第5个问题：如何才能降低经济活动中的风险？

通过制定制度、实施措施和执行程序来防范和管控经济活动中的风险。制定制度，最终的交付物是形成《内部控制制度汇编》；实施措施和执行程序，最终的交付物是形成《内部控制手册》，指导全体员工如何通过采取措施和执行流程，开展正常的内部控制程序。

第6个问题：如何识别经济活动中的风险？

《内控规范》第二章给出了如何针对经济风险开展评估、哪些方面要开展评估（单位层面6个方面、业务层面7个方面），以及不相容岗位相互分离等8种内部经济风险的控制方法。

第7个问题：单位层面要开展哪些内部控制？

《内控规范》第三章明确，应开展组织结构、议事决策、关键岗位、关键人员、会计机构、信息控制等6方面控制，每个方面都有详细的控制内容和控制点。

第8个问题：业务层面要开展哪些内部控制？

《内控规范》第四章明确，应开展预算业务、收支业务、政府采购业务、资产控制、建设项目控制和合同控制等6方面控制，每个方面都有详细的控制内容和控制点。

第9个问题：谁对内部控制建设和执行情况进行监督？监督哪些内容？

《内控规范》第五章明确，内部审计部门、单位负责人、财政部门和审计机关对内部控制建设和执行情况进行监督。这些部门监督的侧重点不一样。

内部审计部门对内部控制管理制度和机制的建立与执行情况，以及内部控制关键岗位及人员的设置情况等进行监督。单位负责人指定专门部门或专人负责对单位内部控制的有效性进行评价。评价也是一种内部监督的方式。

财政部门对内部控制的建立与实施情况进行督查检查。

审计机关对内部控制建立和实施的有效性进行督查。

《内控规范》主要内容见图2-1。

第 2 章 内部控制入门

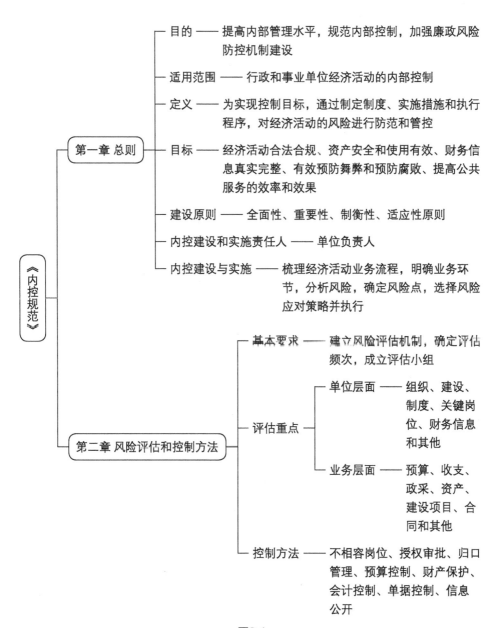

图2-1

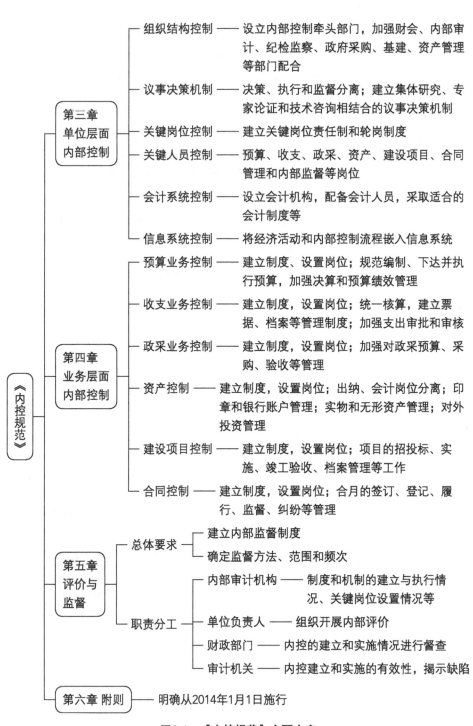

图2-1 《内控规范》主要内容

2.2 了解与内部控制相关的法律法规和政策要求

重点摘录《中华人民共和国会计法》（2017年修订）、《中华人民共和国审计法》（2020年修订）、党的十八届四中全会通过的《中共中央关于全面推进依法治国若干重大问题的决定》（2014年）、党的十九届四中全会通过的《中共中央关于坚持和完善中国特色社会主义制度　推进国家治理体系和治理能力现代化若干重大问题的决定》（2019年）等相关文件政策对内部控制的要求。

2.2.1 《中华人民共和国会计法》及相关要求

（1）《中华人民共和国会计法》

2017年修订的《中华人民共和国会计法》（国家主席令第81号）对内部控制的相关要求：

第二十七条　各单位应当建立、健全本单位内部会计监督制度。单位内部会计监督制度应当符合下列要求：

（一）记账人员与经济业务事项和会计事项的审批人员、经办人员、财物保管人员的职责权限应当明确，并相互分离、相互制约；

（二）重大对外投资、资产处置、资金调度和其他重要经济业务事项的决策和执行的相互监督、相互制约程序应当明确；

（三）财产清查的范围、期限和组织程序应当明确；

（四）对会计资料定期进行内部审计的办法和程序应当明确。

（2）《中华人民共和国会计法修订草案（征求意见稿）》

2019年，财政部发布《中华人民共和国会计法修订草案（征求意见稿）》（简称《征求意见稿》），并在2021年完成《中华人民共和国会计法》送审。《征求意见稿》在会计监督部分，明确单位应当通过内部控制、内部审计等手段，加强会计监督；并对单位建立与实施内部控制，提出具体要求。并提出财政部门对单位内部控制情况实施监督。主要条款如下：

第二十五条　单位应当加强内部会计监督，通过内部控制、内部审计等手段，确保会计凭证、会计账簿、财务会计报告和其他会计资料真实、完整。

第二十六条　单位建立与实施内部控制，应当符合下列要求：

（一）加强内部控制的组织领导，强化全体员工的职业道德教育和业务培训，构建良好的内部控制环境；

（二）明确各岗位职责权限，规范业务流程，确保各项经济业务事项的决策、执行、监督等岗位相互分离、相互制约；

（三）明确对发现的经济业务事项和会计事项中的重大风险、重大舞弊的报告程序及其处置办法；

（四）建立内部控制的监督评价制度，明确定期监督评价的程序，并确保实施监督评价的部门具有相对的独立性；

（五）有效利用内部控制的监督评价结果，不断改进和加强内部控制。

单位负责人对本单位内部控制的建立健全和有效实施负责。

第三十条　财政部门对单位的下列情况实施监督：

……

（五）内部控制是否符合本法和国家统一的会计制度的规定；

……

2.2.2 《中华人民共和国审计法》及相关要求

（1）《中华人民共和国审计法》

2022年修订的《中华人民共和国审计法》与内部控制相关的审计条款主要有：

第十八条　审计机关对本级各部门（含直属单位）和下级政府预算的执行情况和决算以及其他财政收支情况，进行审计监督。

第二十一条　审计机关对国家的事业组织和使用财政资金的其他事业组织的财务收支，进行审计监督。

第二十三条　审计机关对政府投资和以政府投资为主的建设项目的预算执行情况和决算，对其他关系国家利益和公共利益的重大公共工程项目的资金管理使用和建设运营情况，进行审计监督。

第二十四条　审计机关对国有资源、国有资产，进行审计监督。

第三十二条　被审计单位应当加强对内部审计工作的领导，按照国家有关规定建立健全内部审计制度。

审计机关应当对被审计单位的内部审计工作进行业务指导和监督。

（2）《中华人民共和国国家审计准则》

2012年施行的《中华人民共和国国家审计准则》对内部控制审计提出更为详细的要求，具体条款如下：

第六十条　审计人员可以从下列方面调查了解被审计单位及其相关情况：……

（六）相关内部控制及其执行情况；

……

第六十一条　审计人员可以从下列方面调查了解被审计单位相关内部控制及其执行情况：

（一）控制环境，即管理模式、组织结构、责权配置、人力资源制度等；

（二）风险评估，即被审计单位确定、分析与实现内部控制目标相关的风险，以及采取的应对措施；

（三）控制活动，即根据风险评估结果采取的控制措施，包括不相容职务分离控制、授权审批控制、资产保护控制、预算控制、业绩分析和绩效考评控制等；

（四）信息与沟通，即收集、处理、传递与内部控制相关的信息，并能有效沟通的情况；

（五）对控制的监督，即对各项内部控制设计、职责及其履行情况的监督检查。

第六十二条　审计人员可以从下列方面调查了解被审计单位信息系统控制情况：

（一）一般控制，即保障信息系统正常运行的稳定性、有效性、安全性等方面的控制；

（二）应用控制，即保障信息系统产生的数据的真实性、完整性、可靠性等方面的控制。

第七十五条　审计人员认为存在下列情形之一的，应当测试相关内部控制的有效性：

（一）某项内部控制设计合理且预期运行有效，能够防止重要问题的发生；

（二）仅实施实质性审查不足以为发现重要问题提供适当、充分的审计证据。

审计人员决定不依赖某项内部控制的,可以对审计事项直接进行实质性审查。

被审计单位规模较小、业务比较简单的,审计人员可以对审计事项直接进行实质性审查。

第一百一十五条 审计人员调查了解被审计单位及其相关情况时,可以重点了解可能与重大违法行为有关的下列事项:

(五)相关的内部控制及其执行情况。

2018年施行的《审计署关于内部审计工作的规定》(审计署第11号)

第十二条 内部审计机构或者履行内部审计职责的内设机构应当按照国家有关规定和本单位的要求,履行下列职责:

....

(八)对本单位及所属单位内部控制及风险管理情况进行审计;

....

2.3 两个《决定》对内部控制的相关要求

2.3.1 党的十八届四中全会的决定

2014年10月,党的十八届四中全会审议通过《中共中央关于全面推进依法治国若干重大问题的决定》,提出了预防腐败、建立决策机制、强化权力制约和监督、信息公开等相关内容。具体见第1章表1-1相关内容。

2.3.2 党的十九届四中全会的决定

2019年10月,党的十九届四中全会审议通过《中共中央关于坚持和完善中国特色社会主义制度推进国家治理体系和治理能力现代化若干重大问题的决定》,再次提到"三分一轮一流程"(分事行权、分岗设权、分级授权、定期轮岗、强化内部流程控制)。主题内容如下:

十四、坚持和完善党和国家监督体系,强化对权力运行的制约和监督

党和国家监督体系是党在长期执政条件下实现自我净化、自我完善、自我革新、自我提高的重要制度保障。必须健全党统一领导、全面覆盖、权威高效

的监督体系，增强监督严肃性、协同性、有效性，形成决策科学、执行坚决、监督有力的权力运行机制，确保党和人民赋予的权力始终用来为人民谋幸福。

……

（二）完善权力配置和运行制约机制。坚持权责法定，健全分事行权、分岗设权、分级授权、定期轮岗制度，明晰权力边界，规范工作流程，强化权力制约。坚持权责透明，推动用权公开，完善党务、政务、司法和各领域办事公开制度，建立权力运行可查询、可追溯的反馈机制。坚持权责统一，盯紧权力运行各个环节，完善发现问题、纠正偏差、精准问责有效机制，压减权力设租寻租空间。

……

2.4 内部控制的理论依据

为探讨财务报告中舞弊的产生原因并提出相应解决办法，1992—2003年，The Committee of Sponsoring Organizations of the Treadway Commission（美国反虚假财务报告委员会下属的发起人委员会，简称COSO）从内部控制角度，发布了一系列Internal Control-Integrated Framework（内部控制-整合框架报告），这些是内部控制研究的基础。

① 1992年，COSO发布《内部控制-整合框架》，提出内部控制定义和总体构架，并针对内部控制评估提出有效的方法；提出内部控制的3大目标（经营目标、财务报告目标和合规性目标），以及建立内部控制的5大要素（控制环境、风险评估、控制活动、信息与沟通、监督）。

② 1994年，COSO对《内部控制-整合框架》做了部分修改和增补。

③ 2004年，COSO在《内部控制-整体框架》的基础上发布了《企业风险管理-整合框架》（Enterprise Risk Management-Integrated Framework）。在1992年《内部控制-整体框架》基础上，将内控的目标从3个修改为4个（增加战略目标），5要素修改为8要素（内部环境、目标设定、事项识别、风险评估、风险应对、控制活动、信息与沟通、控制监督）。

④ 2017年，COSO发布《企业风险管理-整合战略与绩效协同》

(Enterprise Risk Management- Integrating with Strategy and Performance)。主要内容涉及治理和文化、战略和目标设定、绩效、审阅与修订、信息沟通与报告5个方面20小项内容。

小结：1992年的《内部控制-整合框架》尤其强调内部控制活动，对内部控制工作的五要素，即控制环境、风险评估、控制活动、信息与沟通和监督做了详细叙述。《内控规范》在此基础上形成，也是目前科研事业单位开展内部控制体系建设的根本遵循。

第 3 章

内部控制研究综述

2012年财政部发布《内控规范》后，相关学者围绕行政事业单位内部控制建设，开展了相关研究。

2012~2021年，关于行政事业单位内部控制的研究，主要集中在以下五个方面。

3.1 内部控制建设探索研究

2008年，我国企业内部控制建设启动。与企业相关的内部控制研究逐渐增加，但关于行政事业单位内部控制研究较少。孙惠等（2012）在《企业内部控制基本规范》的基础上，开始研究行政事业单位内部控制的概念、控制目标、控制内容、控制原则等。并指出与企业相比，行政事业单位存在内部控制意识薄弱、制度不完善、监督不力、执行不力、信息沟通不够等问题。也有研究从某个点切入内部控制研究，如郝刚（2012）则从国库集中支付角度，提出要从岗位分工、授权批准、票据和印章管理、对账检查、建立监督机制等角度，研究提出加强行政事业单位内部控制建议。这些文章的研究成果，为2012年财政部《内控规范》的制定积累了大量研究性工作。

3.2 内部控制体系建设系统研究

2012年，随着财政部《内控规范》的发布，学界对《内控规范》的研究及如何按照规范开展内部控制体系建设研究逐渐增多。

3.2.1 对《内控规范》的研究

《内控规范》实施前，梁步腾（2012）针对行政事业单位内部控制体系建设，提出内部控制体系建设应充分体现行政事业单位特点，吸纳财政财务规定、反映内控重点和主线等原则，重点开展预算、收支、资产、项目、采购和信息系统等控制。晋晓琴（2013）将财政部2011年发布的《行政事业单位内部控制规范（征求意见稿）》与2008年财政部等5部门发布的《企业内部控制基本规范》进行对比研究，从整合并完善行政事业单位内部控制规范整体框架、明确内部控制实施责任主体、加强内部控制环境建设等方面提出完善建议。这些研究都为2012年《内控规范》的出台提供了借鉴。

《内控规范》实施后，王海红（2014）分析了部分单位在内部控制建设中存在的问题，如单位负责人认识程度不够、预算控制不到位、财务管理弱化、资产监管不力等，提出单位负责人应增强内部控制意识、完善预算管理、加强会计控制、强化资产管理等建议。

张庆龙等（2015），发布《中国首份行政事业单位内部控制实施情况白皮书》，对内部控制在全国范围内的实施情况进行了调查。白皮书共分为六个部分，通过调查问卷方式，对行政事业单位内部控制规范认识及落实情况、单位层面和业务层面内部控制目标实现程度、内部控制建设情况进行问卷调查并提出建议。问卷显示行政事业单位对《内控规范》缺乏了解，大多数单位对内部控制建设采取观望态度或未采取任何举措。单位层面、业务层面内部控制建设总体情况一般，内部控制评价和监督机制也不完善。结合问卷情况，作者提出应从国家治理高度认识行政事业单位内部控制建设的意义，加强对《内控规范》的宣传普及，重视一把手在单位内部控制体系建设方面的作用，加强内部审计对内部控制建设和实施监督、加强信息化建设等，完善与《内控规范》相配套文件，加强内部控制建设或执行结果的运用等建议。

3.2.2 对内部控制建设报告的研究

2017年1月，财政部发布《行政事业单位内部控制报告管理制度（试行）》（财会〔2017〕1号），要求行政事业单位在年度终了，应结合本单位实际情况，依据《财政部关于全面推进行政事业单位内部控制建设的指导意见》（财会〔2015〕24号）和《行政事业单位内部控制规范（试行）》（财会〔2012〕21号），编制能够综合反映本单位内部控制建立与实施情况的总结性文件。

2019年，财政部会计司发布《2017年全国行政事业单位内部控制建设分析报告》，对各中央部门、各地方省级财政部门组织上报的2017年单位内部控制报告进行了汇总和分析。报告总结了2017年全国内部控制建设总体情况，单位层面和业务层面内部控制建设情况，提出内部控制在单位内部管理、财政财务管理等方面存在的问题，提出推动行政事业单位内部控制建设向纵深发展、切实加强单位风险防范和化解能力、强化财政财务管理一体化水平、提高社会中介机构专业服务水平等建议。

倪小平等（2018）对《2017年全国行政事业单位内部控制建设分析报告》填报的变化情况进行分析，提出行政事业单位内部控制发展的两个趋势：一是"以报促建"的内部控制管理思路基本形成，二是"由浅入深"的内部控制建设新阶段即将开启。

谢轶娟等（2019）对省级以上行政事业单位内部控制建设情况进行研究，提出部分单位在内部控制体系建设方面意识薄弱，全员参与度不够，主管、监管界限不清，内控手段形式单一，内控报告使用低效，审计监管等不到位等问题。提出强化内部控制建设，落实相关法律责任，优化内部控制评价指标，提高内部控制报告披露质量，加强内部控制宣传，全员参与，提高内部控制信息披露质量和效率，加强内部控制审计等建议。

3.2.3 对内部控制建设体系的研究

（1）内部控制建设研究

自2012年启动行政事业单位内部控制建设以来，相关单位纷纷启动内部控制建设工作。关于内部控制建设现状、建议和对策的研究一直持续。

白华（2018）对行政事业单位内部控制建设中的十大关系进行研究。即内部控制建设的管理与控制、过程观与管控观、内部控制五要素与两个层面内部控制、单位层面内部控制与业务层面内部控制、各类控制方法之间、内部控制职能部门与其他部门、不同监督部门之间、财务报告内部控制与非财务报告内部控制、经济活动与业务活动、业务活动与内部权力运行。理清这十大关系，有利于开展单位内部控制顶层设计，切实实现单位内部控制与管理的深度融合。

陶新平等（2020）指出，现行的内部控制建设理论基础有待完善（如控制环境），部分单位在内部控制建设实践层面尚未形成"设计、执行、评价、报告"的闭环，内部控制建设的"问题导向""风险导向"强调不足。针对这些问题，提出完善行政事业单位内部控制建设体系、公开内部控制评价指标体系，各单位对标改进、发挥第三方机构在内部控制体系建设、监督方面的作用，推动内部控制体系建设形成闭环，从健全内部控制制度转向围绕国家、上级主管部门和自身要求的目标导向转变，推动内部控制从合规向绩效转变等建议。

吴素梅等（2018）对内部控制规范和内部控制制度的关系进行研究，并从加强宣传培训、加强对基层单位内部控制建设指导、建立可供参考的内部控制规范建设的应用指引体系或案例，指导各单位开展内部控制体系建设、把内部控制体系建设纳入各级党委政府及单位负责人的目标考核、经济责任审计、纪委监委考核，培育中介服务等途径，规范和提升单位内部控制体系建设水平。

潘迎喜等（2016）从运营效果、预算管理、绩效评价、法律约束、风险应对五个方面，对企业和事业单位内部控制建设情况进行对比研究。从准确把握预算管理等内部控制建设关键点、加强调查研究、加强内部控制工作组等机构建设、完善不相容岗位分离、授权审批控制、信息控制、审计控制监督机制、完善内部控制人员队伍培养激励机制等方面，推动单位内部控制体系建设。

蒋崴（2017）指出，行政事业单位内部控制建设在内容涵盖、内部控制目标定位、控制要素区分、实施机制方面仍存在待研究问题。目前行政事业单位内部控制体系建设存在重形式、忽视实际、内部控制内容过于宽泛全面、制度流于形式、对制度研究过于空洞、无实质技术支援等问题。从三个方面提出推动我国行政事业单位内部控制制度化进程的建议。一是要合理区分企业与行政事业单位内部控制制度的核心目标，行政事业单位应将廉政建设、反腐倡廉放在第一位；二是要恰当使用如国库集中支付等制度，制止贪污、浪费、腐败等情况发生；三是要正确对待行政事业单位内部控制中的内部控制、风险评估、控制活动、信息与沟通、内部监督等要素。

（2）内部控制内部评价研究

程平等（2019）、杨霁莞等（2021）以重庆海事局内部控制建设为例，从基于数据仓库的角度，对重庆海事局单位层面内部控制、业务层面收支管理、资产管理、建设项目管理、预算管理、采购管理、合同管理的执行情况进行评价并提出改进建议。这些研究对行政事业单位如何开展内部控制评价具有实践指导意义。

丁妥（2018）以某大学为例，从内部控制建立和执行的有效性方面，构建了行政事业单位内部控制评价指标体系，并以某大学作为案例进行内部控制评价分析。研究结果为行政事业单位如何开展内部控制评价提供了借鉴。

(3) 内部控制审计研究

唐大鹏等（2015）认为国家审计是内部控制构建的主要外部推动因素之一，从单位层面组织机构优化（关键岗位不相容分离）、业务层面风险流程管控、评价监督信息公开等方面，提出内部控制体系优化具体方案和可行性分析。

唐大鹏等（2020）从目标、主体、内容、标准、程序、报告6个方面构建了行政事业单位内部控制审计理论体系，以合规保证和效率提升为审计目标，以内部审计、社会审计、国家审计为主要审计方式，以内部控制建设行为和报告信息为审计内容，以政策要求和法律条款为审计标准，以制度测试和系统测试为审计程序，以揭示问题和提供建议为审计报告的内部控制审计理论体系，探讨了内部控制审计政策制定及实践应用理论基础。

刘亚娟（2019）指出行政事业单位内部审计质量控制中存在的机构设置不独立、项目覆盖不全面、审计准则执行不到位、事前审计不足、效益性审计较少、审计成果运用不充分等问题，从加强"一把手"重视、加强内部审计队伍建设、完善内部审计制度、加强过程管理、强化审计结果运用和推进审计创新等方面加强内部审计质量控制。

张文鑫（2019）从社会审计角度，提出行政事业单位内部控制是注册会计师重点审计内容，包括重大经济事项决策、预算管理、收支管理、货币资金管理、政府采购、合同管理、资产管理、建设项目管理，财务部门对项目业务信息的掌控情况及财务与业务部门间信息沟通情况等。

赵志瑜等（2013）指出，除了国家审计外，其他审计对内部控制的审计多停留在制度搜集阶段，很少核实制度的合理性和执行力。建议内部审计要对内部控制全覆盖，加强对相关内部控制制度执行情况的审计。

欧阳能（2014）对行政事业单位内部审计问题进行了研究。提出内部审计应主要从测试内部控制设计的完整性、评估内部控制的合理性、分析内部控制的有效性、评价内部控制的先进性、评价内部控制的适应性等方面进行内部审计。

(4) 内部控制信息化研究

汪刚（2019）基于云平台，构建了覆盖基础层（配置管理、支撑服务）、业务层（预算、收支、采购等）和分析层（统计分析、决策支持等）的内部控制信息化平台框架。对行政事业单位内部控制信息化进行研究。提出行政事业单位应以互联网+、大数据、云计算等信息技术为手段、以内部控制为核心、以业务信息系统和财务信息系统为支撑，融合其他相关信息系统，打造全面信息化平台，提高行政事业单位的管理水平和治理能力。提出建立以"一把手"负责的内部控制组织结构、构建以内部控制为核心的业务信息系统、借助信息化技术优化内部控制流程、持续完善内部控制信息化、整合信息系统，打造全面信息化平台等路径，加强信息化建设。

白潇（2021）基于区块链技术，对行政事业单位的内部控制体系建设进行研究。研究分析了现行内部控制体系建设的局限性，区块链技术用于内部控制体系的必要性。提出基础层（包括数据层、网络层、共识层和激励层）、合约层（算法机制、脚本代码、智能合约）、应用层（权力信息流、业务与财务信息流、监管信息流"三位一体"）和接入层（PC端、Web网页、智能手机、智能手机App等）的基于区块链技术体系的内部控制体系构架。

唐大鹏等（2019）从国家治理层面、制度规范体系要求、内部控制评价报告要求等方面分析信息化建设的背景要求，分析信息化建设情况（东部好于西部，中央部门优于地方单位）。从信息化落地情况看，存在内控制度依靠文本印发、整体信息化水平不高、后续跟进建设不够、信息化模块不协同、模块间信息化孤岛普遍、未从企业内控成功借鉴经验等问题。建议一是从国家层面强化内控政策环境建设。主要包括落实国家战略部署，应用现代信息技术；强化贯彻内控政策，加大资金支持；结合政府会计改革，优化顶层框架设计；强化理论服务实践，引导社会智库支持等。二是从单位层面加强管理协同平台建设。主要包括明确公共服务目标、打造业财融合平台；落实国家机构改革，动态优化三定方案；完善组织领导文化，促进单位作风建设；全面实施绩效管理，落实单位建设责任等。

此外，王会川（2017）、钟礼凤（2018）等都对行政事业单位内部控制信息化建设进行了研究探讨。

（5）预算角度内部控制研究

杨立艳等（2018）研究了全面预算管理和内部控制的关系，指出预算控制作为内部控制体系的组成部分，全面预算管理是把内部控制体系中各项经济业务连接为一体的工具。针对预算管理中的预算单位发展目标脱节、事前控制功能虚化、全面预算执行不到位、事中控制不够、全面预算分析与反馈缺位、事后控制职能弱化、全面预算管理制度不完善、内部控制缺少配套制度支撑等问题，提出加强事前控制（重视预算编制与审核）、事中控制（规范预算执行与调整）、事后控制（强化预算分析与考核）、完善全面预算管理制度（更新内控配套制度）等强化内部控制具体措施。

葛洪朋等（2014）以某高校为例，对照高校的战略发展目标，从高校预算编制、预算执行管理、预算评价管理等方面提出预算绩效管理思路，对预算绩效管理在高校内部控制建设中的应用进行了探讨。

（6）对微观内部控制体系建设研究

蔡晓慧（2018）以某市某区房管局内部控制体系建设为例，结合该房管局内部控制建设实际需求，提出其在单位层面、业务层面存在问题，遵循从宏观到微观，从总体到具体的层次，按照组织结构、业务流程、执行监督保障的思路，设计了以内部控制体系框架构建为起点，以组织框架设计、业务体制框架设计以及内部评价与监督设计为重点的内控体系，并结合具体建设工作，提出持续完善内部控制体系建设、加强部门间协调合作、信息化建设和切实推动内部控制建设工作落地等建议，为同类型单位开展内部控制体系建设提供了参考。

3.3 内部控制建设理论研究

对COSO框架的研究。曹宇（2014）对2013年美国COSO委员会发布的新的内部控制框架进行研究，指出我国公共部门内部控制存在的问题，建议将加强内控信息化、建立反舞弊机制等COSO的新要求融入内部控制体系建设工作。

对内部控制理论框架的研究。唐大鹏（2018）从全面依法治国角度，依据十九大报告精神、依法治国理念、全面实施绩效管理和制度流程全面落地角度，从概念、目标、原则和要素等方面研究行政事业单位内部控制理论创新问题，将单位内部控制定位于国家治理的基础和支撑，落实"五位一体"总体布局、协调推进"四个全面"战略布局、坚定"四个自信"重要原则、推进内部控制理论创新。

刘玉廷等（2019）围绕"经济人"假设、"复杂人"假设和"方法论意义上的理性主义"假设，重新构建了行政事业单位内部控制假设。在主体假设方面，由传统"经济人"和"复杂人"假设转变为"方法论意义上理性主义"假设；在客体假设方面，从单一"风险"控制转为更全面的"不确定性"认识；在手段假设方面，由单纯施行"制衡手段"转变为对"信息运用"的强调。

武威（2019）围绕行政事业单位经济活动开展风险的不确定性，强调"信息观"和"系统观"的内部控制建设理念，从内部控制内涵、主体、客体、目标和要素5个方面搭建内部控制体系理论框架。"内涵"方面，对2012年财政部《内控规范》中内部控制的定义进行完善。认为行政事业单位内部控制是组织系统的必要组成部分，是单位运用能力、制度、文化在内的信息调节机制，有效应对组织目标实现过程中各种经济活动、业务活动和内部权力运行中存在的不确定性，维持组织均衡稳定与发展的系统过程。内部控制的"主体"在原有党的机关、人大常委会机关、行政机关、政协机关、审判机关、检察机关、各民主党派机关、人民团体和事业单位基础上，细化到各单位的内设财务部门、业务部门及内部审计、内部监察等部门；内部控制的"客体"，从经济活动拓展到业务活动和内部权力运行过程中的不确定性；将《内控规范》中的内部控制5个"目标"，经济活动合法合规、资产安全和使用有效、财务信息真实完整、有效预防舞弊和预防腐败、提高公共服务的效率和效果，总结为4个目标，即效率目标、合规目标、激励目标、报告目标。将内部控制"控制要素"分为内部控制责任、业务不确定性评估、控制设计与执行、内部监督4个部分。

这些研究对完善科研事业单位内部控制理论框架、加强内部控制顶层设计、开展内部控制制度建设等方面，具有积极意义。

3.4 会计制度、会计监督与内部控制的协同研究

凌华等（2021）以资产管理为例，研究政府会计改革与行政事业单位内部控制的协同机制。从政府会计对资产信息披露要求、内部控制对资产管理的要求两个方面，提出政府会计制度与内部控制对资产管理的作用导向趋同。结合事业单位资产配置、资产使用、资产处置等环节，构建政府会计与内部控制的协同机理，并从建立评价监督机制，提升内外管理效率、提升人员专业水平，

落实职责分工、完善资产管理信息系统、实现资产动态管理三个途径提升资产管理效率。

王真（2020）从建立完善的、多维度的会计监督制度体系角度，提出加强会计监督工作顶层设计、强化监督有效性、建立权责明晰、约束有力的监督体系，提升会计监督质量等措施，通过强化会计监督，推动单位内部控制体系建设和有序运行。

王琨（2020）指出，内部控制制度的建立和实施是单位内部财会监督的基石和必备条件；会计核算工作是对单位微观具体事务的监督。单位应构建包括内部控制建设、预算及预算绩效管理、政府会计治理工具在内的内部财会监督体系，加强会计监督体系与纪检监督、审计监督的联动，通过有效的监督体系建立，促进内部控制体系建设。

基础建设项目控制，是一个单位内部控制业务层面的重要组成部分。辛丽（2020）从加强基础建设项目的概预算、强化单位内部控制体系建设、推进业财融合、建立绩效评价长效机制等方面，提出加强基础建设工作的财会监督路径。

3.5 内部控制与廉政风险防控、预防腐败研究

丁玉珍等（2021）提出行政事业单位内部控制与廉政风险防控建设联动作用不明显，提出高度重视内部控制和廉政风险防控意识、建立健全风险评估机制、强化制度建设、完善业务流程、加强信息化建设管理、建立健全内外部监督机制来加强廉政风险防控建设。

李连华（2019）提出内部控制对预防腐败的作用机理，即程序控制、审批机制、公示机制、检查机制、举报机制、轮岗机制和惩罚机制。通过内部控制体系建设，将预防腐败的控制手段、防控机制嵌入到日常的办事程序、工作流程及议事规程等微观控制制度之中，实现对腐败预防的节点化与常态化。文章建议沿着"认识到位-保障有力-设计合理-执行有效-惩戒严格"的路线加强内部控制建设，将反腐败工作切入到具体的内部控制制度和流程中。

第 4 章

内部控制体系建设主要工作

在了解了内部控制建设的基本要求和研究进展后，作为内部控制建设牵头实施部门，接下来的事情就是要启动内部控制建设了。首先需要制定单位《内部控制建设方案》，这是一个单位内部控制体系建设的顶层设计，至少应明确内部控制体系要建设成什么样，谁来建设，最后的交付成果是什么。顶层设计得好，就能起到事半功倍的作用，少走弯路。

一个单位的内部控制体系建设从无到有，大致需要经历9或10项工作，主要包括制定内部控制建设方案、召开动员部署会议、开展基础性评价、风险评估、制度制定和内控手册编制、信息化及后续维护等。

4.1 内部控制体系建设思路

4.1.1 重视顶层设计

内部控制体系建设是"一把手"工程，这决定了内部控制的重要性。启动科研事业单位内部控制体系建设，首先应确定内部控制领导机构，成立由单位主要负责同志任组长的工作领导小组，明确相关成员职责分工。其次应结合科研事业单位现状和未来发展目标，制定《内部控制建设方案》，明确建设目标、建设内容、框架体系和建设安排等，切实推动各项工作落实落地。最后，应组织开展内部控制理论、《中华人民共和国会计法》《中华人民共和国审计法》等法规或上位制度学习，确保相关成员清晰了解内部控制体系建设要求和标准。

4.1.2 做到两个覆盖

在完成内部控制风险评估和自我评价基础上，启动科研事业单位层面和业务层面内部控制建设。在单位层面应覆盖科研事业单位组织结构、议事决策、关键岗位、关键人员、会计系统和信息系统等六方面内部控制。合理的组织结构是科研事业单位层面开展内部控制的前提，应包括决策机构、执行机构和监督机构；建立"三重一大"等议事决策机制，确定决策人员构成、决策事项范围、决策程序、问责程序等；按照"定岗、定编、定责"的要求，设置人事、财务等关键岗位，为科研事业单位建设提供良好的人才和财务支持；会计系统控制方面，应建立财务部门，配备专职财务人员，制定财务管理办法，保证财务信息编报及时真实，为科研事业单位领导层决策提供准确财务信息；信息系统建设应以提升内部控制效率和可靠性为目标，搭建信息一体化平台，为科研事业单位研究工作开展提供良好的运行环境。

业务层面，应结合科研事业单位研究工作开展，覆盖预算、收支、政府采购、资产、经济合同、建设项目等六方面内部控制。首先，应结合科研事业单位研究特点，适当简化预算编制，下放预算调剂权，建立覆盖科研事业单位预算编制、执行、调整、绩效管理、信息公开的预算管理流程，确保科研事业单位相关研究工作按预算开展。其次，应结合改革完善财政科研经费管理、下放科研相关自主权、推动科技成果转化、增加以知识价值为导向的分配制度等相关政策，建立健全覆盖银行存款管理、支票管理、公务卡管理、网银管理、现金管理、往来账款管理的资金管理制度，提高资金使用效率。优化报销等支出流程，建立财务数字化平台，推进无纸化报销，减轻科研事业单位科研人员事务性负担，让科研事业单位科研人员潜心做研究。最后，细化完善政府采购、资产管理配置、合同订立、建设项目等内部控制制度，为科研事业单位研究人员提供便捷的科研支撑条件和服务。

在做到"两个覆盖"的基础上，有条件的科研事业单位，还应探索将内部控制逐渐从经济活动拓展到科研事业单位全部业务活动。

4.1.3 做好系统衔接

内部控制体系通常由风险评估、内部评价与监督、单位层面控制、业务层面控制四个板块构成。首先要做好每个板块内部的制度和流程衔接，避免出现互相抵触情况。如单位控制层面组织架构设计与议事决策制度的衔接，关键人员选拔制度与关键岗位轮岗制度的衔接；业务层面的预算制度与收支制度的衔接，收支制度与合同、政府采购、资产管理等制度间的衔接；其次要做好四个板块之间的衔接。风险评估1年至少开展1次，科研事业单位内外部环境发展重大变化时应随时开展风险评估。风险评估要为内部控制的制定和执行提供依据。通过内部评价与监督工作，及时识别科研事业单位单位层面和业务层面的控制缺陷，提出整改建议。内部控制建设部门按照风险评估、评价监督提出的整改建议，及时完善制度、改进流程，修复内部控制缺陷，保证科研事业单位确定的内部控制目标实现。

4.1.4 加强信息化建设

《内部控制制度汇编》和《内部控制手册》编制完成后,科研事业单位内部控制体系建设基础性工作完成。下一步科研事业单位应结合自身信息化水平和信息化团队建设等条件,开展内部控制信息化建设工作。通过建立统一的内部控制信息化平台,将分布于互联网、财政专网、局域网的财务报销系统、合同管理系统、科研事业单位项目管理系统等串联起来。实现相关业务流程标准化、控制环节自动化,降低人为干扰,提高业务信息传递的准确性和及时性。

4.2 制定内部控制建设方案

4.2.1 提前需要了解的问题

内部控制建设牵头实施部门在制定《内部控制建设实施方案》之前,一定要反复思考几个问题:

① 是否了解内部控制建设的上位要求和单位要求?

② 是否了解单位内部控制建设的目标?

③ 是否了解单位内部控制建设至少应覆盖哪些内容?

④ 是否了解要梳理单位哪些制度和流程?

⑤ 是否了解哪些部门应该参与到单位内部控制建设工作,分工是否存在交叉或遗漏情况?

⑥ 预算能否支撑完成建设内容?

⑦ 预计需要多长时间可以形成交付物?交付物是否与单位要求相一致等。

如果这些问题都明白,能够做到心中有数,就可以动手起草《内部控制建设方案》了。如果这些问题有疑问,则不应该立即动手起草《内部控制建设方案》,而是要通过学习、查询、调研等多种途径,把这些问题都搞清楚,再启动下一步工作。磨刀不误砍柴工,高质量的《内部控制建设方案》是推动内部控制体系建设工作顺利开展的总指南。

4.2.2 建设方案示例

以下为科研单位内部控制建设方案示例,供参考使用。

> **科研事业单位关于开展内部控制体系建设的工作方案**

按照财政部《关于全面推进行政事业单位内部控制建设的指导意见》(财会〔2015〕24号)和某地区财政局关于内部控制体系建设要求,结合科研事业单位实际,制定以下方案。

(一)组织机构

成立单位内部控制体系建设工作领导小组,下设内部控制体系建设工作办公室,办公室设在财务部门(或行政办公室等部门)。

领导小组组长:单位负责人

领导小组副组长:分管财务部门(或行政办公室等)负责领导

领导小组成员:单位中层全部负责人

办公室主任:财务部门(或行政办公室)负责人

办公室成员:从事财务、政府采购、人事、信息化、内部审计、纪检等工作的相关人员

领导小组主要职责:负责单位整体内部控制体系建设工作实施,负责审定单位内部控制体系建设方案,负责组织、指导、监督和检查内部控制体系建设工作,负责组织开展单位经济活动风险评估工作,负责协调组织各类资源、保证单位内部控制体系工作顺利实施,负责任命单位内部控制体系工作小组成员及负责人,负责审定单位内部控制体系建设成果,负责其他有关单位内部控制体系建设全局性、方向性工作。

办公室主要职责:组织制定单位内部控制体系建设工作方案等起草工作,内部控制工作办公室(依据实际,也可聘请第三方机构协助开展内部控制体系建设)负责开展单位内部控制体系建设现状分析、内部控制制度起草、组织培训实施等工作,负责开展单位内部控制体

系相关会议筹备和组织工作，完成领导小组交办的其他工作。

（二）建设目标

制定形成单位的《内部控制手册》和《内部控制制度汇编》，建立健全覆盖单位各项经济运行管理活动的规范标准、运行顺畅、执行到位、效果明显的内部控制体系，合理保证单位各项经济活动合法合规、资产安全和使用有效，财务信息真实完整。为推进单位党风廉政建设和反腐败工作、有效防范舞弊和预防腐败，提升单位管理水平，提高单位公共服务的效率和效果提供支撑。

（三）建设内容

1. 体制机制层面

（1）建立健全组织架构，建立决策、执行、监督权分离的制衡机制

建立健全决策、执行、监督权分离的组织机构设置，确保单位各项经济活动的决策、执行和监督相互分离。建立健全单位集体研究、专家论证和技术咨询相结合的议事决策机制；在单位制度框架下，建立健全覆盖不相容岗位分离、多部门协调的执行机制；建立健全覆盖内部审计、纪检监察和上级主管部门的监督机制。（牵头部门：×××）

（2）建立健全内部控制关键岗位责任制

明确预算业务控制、收支业务控制、政府采购业务控制、资产控制、建设项目控制、合同控制以及内部监督等内部控制关键岗位职责及分工，确保不相容岗位相互分离、制约和监督；建立健全单位内部控制关键岗位工作人员轮岗制度，明确轮岗周期。建立健全单位内部控制培训制度，加强单位内部控制关键岗位工作人员业务培训和职业道德教育，不断提升其业务水平和综合素质。（牵头部门：×××）

（3）运用现代科学技术手段加强内部控制

充分运用现代科学技术手段加强单位内部控制信息系统建设。实施内部控制信息系统建设归口管理，将单位经济活动及其内部控制流程嵌入信息系统，减少或消除人为操纵因素，保护单位信息安全。（牵头部门：×××）

2. 业务层面

（1）预算业务控制

建立健全预算编制、审批、执行、决算与评价的预算管理制度。对预算编制与内部审批、预算执行、年度决算与绩效评价等方面的职责权限、工作流程和管理要求进行明确规范。建立内部预算编制、预算执行、资产管理、基建管理、人事管理等部门或岗位的沟通协调机制。建立预算执行分析机制，明确分析内容、分析方式、问题处理等内容。建立健全决算数据质量内部控制机制，明确决算前准备、决算报表填制、决算报告编写等环节的职责权限、工作流程和管理要求。建立"预算编制有目标、预算执行有监控、预算完成有评价、评价结果有反馈、反馈结果有应用"的全过程预算绩效管理机制。（牵头部门：×××）

（2）收支业务控制

建立健全收入内部管理制度，对收入价格确定、票据管理、收入收缴、收入核算等方面的职责权限、工作流程和管理要求进行明确规范。建立单位收入监督、稽核机制，定期检查收入金额与合同、开票或业务开展是否相符。明确收入责任主体，建立催收机制，落实催收责任。建立健全单位票据管理制度，对财政票据、发票等各类票据的申领、启用、核销、销毁等环节的职责权限、工作流程和管理要求进行明确规范。建立健全单位支出内部管理制度，确定单位经济活动的各项支出标准，明确支出报销流程。（牵头部门：×××）

（3）政府采购业务控制

建立健全单位政府采购管理制度，对预算与计划、需求申请与审批、过程管理、验收入库等方面的职责权限、工作流程和管理要求进行明确规范。建立预算编制、政府采购、资产管理、会计、内部审计、纪检监察等岗位相互协调、相互制约的机制，确保采购申请环节采取预算控制措施，明确政府采购申请的审批程序，对采购进口产品、变更政府采购方式等事项加强内部审核，明确对涉密的政府采购业务安全保密的管理要求。制定单位政府采购验收制度，指定部门或专人对所购物品的品种、规格、数量、质量和其他相关内容进行验收，做好政府采购业务质疑投诉答复工作。建立健全单位政府采购档案管理制度，妥善保管政府采购预算与计划、各类批复文件、招标文件、投标文件、评标文件、合同文本、验收证明等政府采购业务相关资料。（牵头部门：×××）

（4）资产控制

建立健全单位资产管理相关制度，对资产分类管理，明确各类资产管理的组织分工、过程管理等。明确银行账户开立、变更和撤销等环节的职责权限、工作流程和管理要求并加强货币资金的核查控制。按照国有资产管理相关规定，明确单位资产领用、调剂、租借、对外投资、处置等环节的职责权限、工作流程和管理要求。建立单位资产信息管理系统，做好资产统计、报告、分析工作，实现资产动态管理。加强单位对外投资管理，明确对外投资决策机制，对投资项目追踪管理，及时、全面、准确记录对外投资的价值变动和投资收益情况，建立对外投资责任追究制度。（牵头部门：×××）

（5）建设项目控制

建立健全单位建设项目管理制度，对项目立项与审核、概算预算、招投标、工程变更、资金控制、验收与决算等方面的职责权限、工作流程和管理要求进行明确规范。建立单位建设项目议事决策机制和审核机制，按照国家有关规定，明确建设项目招投标工作的程序、分工、权限，明确建设项目工程洽商和设计变更相关程序，明确结算审核程序及权限，明确竣工验收、竣工决算及资产移交相关程序。建

立健全单位建设项目档案管理制度，明确归档范围和期限。（牵头部门：×××）

(6) 合同控制

建立健全单位合同管理制度，对合同订立、履行、归档、纠纷处理等方面的职责权限、工作流程和管理要求进行明确规范。明确单位合同的授权审批和签署权限，明确合同印章保管、使用相关程序，明确合同订立的条件和程序。建立单位合同履行监督审查制度，明确签订补充合同，或变更、解除合同等环节的监督审查程序，明确涉密合同的信息安全管理要求。建立单位合同纠纷处理机制和统计分析机制。建立单位合同管理台账，规范合同归档管理。（牵头部门：×××）

3. 风险评估层面

建立单位经济活动风险评估机制，明确评估的重点内容、职责权限、工作流程和管理要求，每年至少进行一次经济活动风险评估。体制机制层面风险评估重点关注内部控制工作组织、内部控制机制建设、内部管理制度完善、关键岗位人员管理，财务信息编报情况等方面。业务层面风险评估重点关注预算、财务收支、政府采购、资产管理、建设项目管理，合同管理等方面。（牵头部门：×××）

4. 评价与监督层面

建立健全单位内部监督制度，明确内部监督的重点、要求、程序、方法、范围和频率等。明确各相关部门或岗位在内部监督中的职责权限，确保内部监督与内部控制的建立和实施保持相对独立。定期对单位内部控制建立与实施情况进行监督检查并出具评价报告。（牵头部门：×××）

（四）工作安排

1. 动员部署

××年××月××日前，由内部控制体系建设工作领导小组召开专题动员会议,部署启动单位内部控制体系建设工作,明确重点任务和责任分工。

2. 现状分析

××年××月××日至××月××日,内部控制工作办公室(或第三方机构)通过采用审阅资料、会议访谈、现场察看等方式,对单位组织结构、人员编制、业务职责、主要经济活动运作流程、管理权限等现状进行分析并形成分析报告。

3. 基础性评价

××年××月××日至××月××日,对照单位实际,内部控制工作办公室(或第三方机构)依据财政部《关于开展行政事业单位内部控制基础性评价工作的通知》(财会〔2016〕)中"行政事业单位内部控制基础性评价指标评分表"进行评价,形成单位内控工作基础性评价报告。

4. 风险评估

××年××月××日至××月××日,内部控制工作办公室(或第三方机构)牵头,各业务部门配合,梳理单位各项经济活动的业务工作流程与风险点、形成单位经济业务关键控制点和风险清单。

5. 体系建设

××年××月××日至××月××日,依据单位风险控制点和风险清单,内部控制工作办公室(或第三方机构)牵头制定或完善单位内部控制制度。完成单位内部控制体系规范流程图编制,形成单位《内部控制制度汇编》《内部控制手册》,并提交领导小组审阅。

6. 内控信息化

××年××月××日至××月××日,由内部控制工作办公室(或第三方机构),将内控体系建设工作分阶段融入单位信息化工作,实现内控管理信息化、内控制度流程化、内控流程表单化、内控表单信息化。

7. 培训实施

××年××月××日至××月××日,由内部控制工作办公室(或第三方机构)牵头,面向单位全体职工开展内部控制体系培训,贯彻落实内部控制制度。

8. 完善优化

××年××月××日至××月××日,内部控制工作办公室(或第三方机构)依据内部控制实际执行情况,优化单位《内部控制制度汇编》《内部控制手册》,协助推动单位内控工作落实落地。

(五)工作要求

1. 统一思想认识,加强组织领导

加强单位内部控制建设是完善廉政风险防控机制建设、进一步严肃财经纪律、提升资金使用效率、预防腐败、提升单位管理水平的具体体现,是规范内部控制、加强内部管理的实践检验。领导小组全体成员要统一思想认识,加强组织领导,将单位内控体系建设工作落实到位。

2. 强化协作配合,切实履行责任

领导小组全体成员要切实履行责任,按照职责分工和工作安排加强协作,确保组织工作到位、风险评估到位、评价监督到位、制度制定和培训实施到位,确保单位内部控制制度建设工作按时间节点高质量完成。

3. 严格监督执纪,严肃追责问责

领导小组全体成员应严格按工作方案要求开展单位内部控制体系建设工作,健全和完善单位内部控制长效机制,合理保证单位经济活动合法合规、资产安全和使用有效、财务信息真实完整,有效防范舞弊和预防腐败。对在工作中出现的履职工作不力、不担当不作为、搞形式主义、走过场、工作敷衍、工作不到位等情况,单位相关部门要同步开展严格监督执纪,严肃追责问责。

4.3 召开内部控制工作动员部署会

完成《内部控制建设方案》制定,并通过内部控制领导小组或所在单位"三重一大"集体决议后,即可按照工作方案安排,启动相关工作。首先需要做的工作是召开内部控制工作动员部署会。召开内部控制工作动员部署会,对内部控制建设主要有以下几个方面的作用:

① 检验内部控制牵头实施部门谋划工作的能力。对内部控制工作领导小组,特别是具体牵头负责内部控制工作的部门来说,召开高质量的动员部署会议能助力内部控制建设工作开展。内部控制牵头部门需要再次逐一梳理、安排内部控制工作实施各环节的内容。详细制定内部控制建设工作计划安排,确保各项工作按期落实落地;需要认真安排会议议程,确保能达到预期效果;如果涉及聘请第三方机构辅助开展内部控制体系建设,还需要考虑第三方机构从哪个角度切入内部控制建设,讲哪些内容才更能达到动员部署的效果;领导小组需要结合本单位下一步内部控制工作的建设目标、建设内容和建设标准提出要求,确保能在规定时间内完成相关工作。看似简单的内部控制动员部署会议,考验内部控制牵头部门的综合谋划、应急处突等能力。如果会议开得好,无疑能推动内部控制建设工作顺利开展;如果开得不好,内部控制牵头部门需要反思哪些环节有问题,哪些地方考虑不周到,尽量避免在今后的内部控制建设工作出现类似问题。

② 给全体人员做内部控制"心理建设"。一个单位的内部控制体系建设,看似由内部控制领导小组、具体实施部门牵头,但内部控制制度的实施,会涉及单位的每一名成员。因此,内部控制动员部署会的召开,至少要达到几个效果:一是要让大家了解,单位正在启动内部控制建设工作,内部控制是什么,为什么要开展内部控制体系建设;二是要让每一个成员了解在内部控制体系建设过程中,每个人承担什么任务和角色,个人有义务配合完成单位内部控制体系建设;三是内部控制体系建设一旦完成,所有人都要遵守并执行内部控制体系,任何人不能凌驾于内部控制体系之上。

能做到这两点,内部控制建设动员部署会基本上就是成功的,为单位顺利开展内部控制体系建设打开良好开端。

会议议程示例如下：

科研事业单位内部控制体系建设动员部署会会议议程

（一）会议时间：×年×月×日

（二）会议地点：第×会议室

（三）参会人员：内部控制建设领导小组及办公室成员、各相关业务部门负责人、内部审计部门负责人、纪检监督部门负责人、各部门人员代表等

（四）会议议程

1. 内部控制建设办公室或内部控制牵头实施部门介绍单位《内部控制建设方案》和建设进度安排；

2. 第三方机构介绍内部控制体系建设的背景必要性和相关案例；

3. 内部审计机构、纪检监督部门介绍对内部控制建设的监督评价要求；

4. 内部控制建设领导小组对单位内部控制建设提要求；

5. 落实分工，现场答疑等。

4.4 开展内部控制现状评价工作

在制定内部控制建设方案、安排并召开内部控制建设动员大会后，即将要进入内部控制建设的实质性阶段，即开展单位内部控制现状评价，或者叫内部控制基础性评价工作。此项工作是内部控制建设工作的基础，是对单位内部控制建设情况的摸底工作。通过摸底，可以知道单位现在的内部控制建设处于什么水平，有哪些不足之处和薄弱环节，下一步需要着重启动哪些工作，做到有的放矢。因此，无论是委托第三方机构或者是单位内部控制牵头部门开展，内部控制现状评价都是一项非常重要的工作，应给予高度重视。

4.4.1　内部控制现状评价的标准

如委托第三方机构开展内部控制现状评价，基于之前的工作业绩积累和案例，第三方机构应能很快向委托单位递交标准的内部控制基础性评价报告。如由单位内部控制建设牵头部门组织开展内部控制现状评价，则牵头部门需要了解依据什么标准来评价单位内部控制现状。

2016年，财政部发布《关于开展行政事业单位内部控制基础性评价工作的通知》（财会〔2016〕11号），明确评价的目标、原则，并给出"行政事业单位内部控制基础性评价指标评分表"。评价表分为单位层面、业务层面2个方面共36个指标。其中单位层面60分，包含内部控制建设启动情况、单位主要负责人承担内部控制建立与实施责任情况、对权力运行的制约情况、内部控制制度完备情况、不相容岗位与职责分离控制情况、内部控制管理信息系统功能覆盖情况等6个方面共21个指标；业务层面40分，包含预算业务管理控制情况、收支业务管理控制情况、政府采购业务管理控制情况、资产管理控制情况、建设项目管理控制情况和合同管理控制情况等6个方面共15个指标。结合单位现有文件、制度和工作开展情况，大部分指标如"内部控制制度完备情况"等还是很容易填写并计算分数的；对部分指标，如"对权力运行的制约情况"，需要结合单位审计、纪检监督工作开展情况，结合评分说明，逐一填写并计算分数。

通过查看财政部基础性评价的36个指标和赋值，可以看到，在内部控制建设初期，单位层面内部控制建设是最重要的，评价分值占到总分的60%。这说明单位层面内部控制是业务层面内部控制的基础，在具体内部控制建设工作开展过程中，应重视单位层面内部控制建设。

4.4.2　内部控制现状评价的基本原则

先来了解一下内部控制体系建设与实施的原则，即全面性原则、重要性原则、制衡性原则、适应性原则。内部控制现状评估的原则有四个，全面性原则、重要性原则、问题导向原则和适应性原则。两者有三个原则是一样的，不同的是内部控制现状评价阶段要以发现问题为主，所以要坚持问题导向原则；在内部控制建设与实施阶段，内部控制对部门管理、职责分工、业务流程等方面形成相互制约、相互监督作用非常重要，因此制衡性是内部控制建设阶段最重要的一个原则。

(1) 坚持全面性原则

内部控制基础性评价应当贯穿于单位的各个层级，确保对单位层面和业务层面各类经济业务活动的全面覆盖，综合反映单位的内部控制基础水平。如果开展现状评价的时候就没全面涉及单位层面和业务层面的方方面面，那么在此基础上开展的内部控制评价建设和实施都是有缺陷的，不能形成有效的内部控制。

(2) 坚持重要性原则

内部控制基础性评价应当在全面评价的基础上，重点关注重要业务事项和高风险领域，特别是涉及内部权力集中的重点领域和关键岗位，着力防范可能产生的重大风险。各单位在选取评价样本时，应根据本单位实际情况，优先选取涉及金额较大、发生频次较高的业务。牢记开展基础性评价的"初心"是为内部控制建设做准备。内部控制建设的"初心"是控制单位经济业务活动中的风险。因此，在开展内部控制现状评价时，内部控制牵头部门一定要有意识地去测试单位中那些可能有较大风险的业务，到底有没有通过建立内部控制制度、执行程序和采取措施控制风险，这个需要内部控制建设牵头部门有一定的经验。内部控制建设牵头部门也可以通过访谈、问卷、召开座谈会等方式，去进一步了解单位在政府采购、资产管理等业务方面，哪些环节存在较大风险。然后再抽取这些业务，进行内部控制现状评价。

(3) 坚持问题导向原则

内部控制基础性评价应当针对单位内部管理薄弱环节和风险隐患，特别是已经发生的风险事件及其处理整改情况，明确单位内部控制建立与实施工作的方向和重点。问题导向原则是内部控制现状评价过程中最重要的原则。如果单位内部控制现状评价得高分，只有两种情况。一种情况是这个单位的内部控制建设已经非常好了，完全没有必要再新建立或完善内部控制体系；另外一种情况是评价过程敷衍了事，没有开展针对性评价，没有发现存在的问题。这样的评价对下一步内部控制体系建设不仅没有意义，反而会将内部控制体系建设带入歧途。因此，评价人员一定要带着审慎、质疑的态度去开展内部控制现状评价。可全面梳理近几年单位接受巡视、审计、专项检查反馈的问题，形成与内部控制相关的问题清单，逐一与内部控制现状评价的标准去比对，通过内部控制现状评估，发现单位潜在的内部控制风险点。

（4）适应性原则

内部控制基础性评价应立足于单位的实际情况，与单位的业务性质、业务范围、管理架构、经济活动、风险水平及其所处的内外部环境相适应，并采用以单位的基本事实作为主要依据的客观性指标进行评价。内部控制体系建设从来都不是一件一劳永逸的事情。在全面性原则的基础上，内部控制现状评价还应兼顾适应性原则。适合单位本身的内部控制体系，才是最合适的。因此在现状评价过程中，一定要结合单位实际评价，不要执着于过高或过低的评估分数。结合单位内外部环境，准确开展评价，量力而行进行内部控制体系建设，才是最正确的方式。

4.4.3　内部控制现状评价工作的开展

了解了财政部的内部控制现状评价标准，掌握了内部控制现状评价的四项原则，似乎填写内部控制现状评估打分表是一件很容易的事情。内部控制现状评价工作是否精准，后续是要接受内部控制风险评估、内部控制建设及内部控制执行的时间检验的。为了让后续的内部控制风险评估、建设和执行少走弯路，认真对待内部控制现状评价是非常有必要的。

评价牵头部门的选择。内部控制现状评价可以由第三方机构或单位内部控制建设牵头部门来开展。第三方机构虽然经验丰富，但是对某个单位具体的内部控制现状未必清楚。因此，即使由第三方机构牵头开展评价工作，也不可将评价工作完全交给第三方机构开展，适当增加单位人员参与评价是非常必要的。虽然我们总是强调"评建分离"，即按照内部控制建设与监督评价分离原则，内部控制建设部门与评价部门应分离。但在实际工作中，由于很多单位内部控制建设牵头部门是财务部门，财务部门在日常大量的一线工作中，对哪些环节有风险，哪些环节容易出错还是有一定发言权的。内部控制现状评价，正好是财务部门梳理、复盘、总结日常工作的机会。因此，建议在内部控制现状评价工作中，吸纳财务部门相关人员，这样有助于发现日常工作的风险点，也为日后财务部门牵头内部控制体系建设工作奠定基础。

搜集相关文件或资料。财政部《关于开展行政事业单位内部控制基础性评价工作的通知》（财会〔2016〕11号）中，针对每一个指标都有评价操作细则，评价结果需要通过查看相关资料、流程等确定。因此，在开展内部控制现状评价之前，牵头部门应先行梳理单位层面和业务层面的相关制度。

单位层面包括："三定"方案（定机构、定编制、定职能）、"三重一大"制度（重大事项决策、重要干部任免、重大项目投资决策、大额资金使用）、成立内部控制建设领导小组的文件、内部审计制度、纪检等部门工作职责、风险评估制度及评估情况、关键岗位交流轮岗制度、关键岗位设置方案、信息化建设方案和交付情况等文件。

业务层面包括：预算管理、收支管理、资产管理、政府采购管理、资产管理和建设项目管理办法等。

4.4.4　形成内部控制现状评价报告

基于单位相关文件、资料、业务流程，内部控制现状评价牵头部门在实事求是开展评价、填写评价表格的基础上，应形成单位内部控制基础性评价报告。报告至少应包含准确的评价结果、明确需特别说明事项和下一步工作开展重点。

4.4.5　内部控制现状评价结果应用

内部控制现状评价报告，最重要的作用是指导单位下一步内部控制体系建设。内部控制现状评价部门在完成评价后，应在第一时间将评价报告提交单位内部控制建设领导小组。领导小组结合评价结果，据此调整或完善最初制定的单位内部控制建设方案，为下一步开展内部控制建设做相关准备工作。

4.5　开展内部控制风险评估工作

在完成单位内部控制现状评价工作后，下一步即将开展内部控制风险评估工作。与内部控制现状评价工作一样，风险评估也是基础性工作。未进行风险评估、未明确单位经济业务活动中有哪些风险点、未针对具体风险点而制定的内部控制制度、采取的措施、执行的流程就是无本之木、无源之水，对经济活动中的风险谈不上任何控制。因此，对风险评估工作应给予高度重视。开展风险评估工作，主要应关注以下几方面的问题。

4.5.1 建立风险评估机制

对具体单位而言,最基本要求是建立内部控制风险评估管理办法,明确单位开展风险评估的目标、评估工作实施部门、评估原则、评估范围、评估频次、评估程序和工作机制等内容,让风险评估管理办法成为开展风险评估工作的基本遵循。有的单位在刚启动内部控制建设工作时,可能并没有现成的内部控制风险评估管理办法供参考。这种情况,单位可结合实际制定内部控制风险评估方案,先行开展评估。随后可根据评估过程中的具体做法、程序和经验等,以制度的形式将单位对风险评估的具体要求固化下来,建立起风险评估机制。

4.5.2 风险评估的范围和内容

按照财政部《内控规范》要求,内部控制风险评估至少应对单位层面、业务层面可能存在的风险进行评估。

（1）单位层面风险

内部控制工作的组织情况。包括是否确定内部控制职能部门或牵头部门,是否建立单位各部门在内部控制中的沟通协调和联动机制。

内部控制机制的建设情况。包括经济活动的决策、执行、监督是否实现有效分离,权责是否对等,是否建立健全议事决策机制、岗位责任制、内部监督等机制。

内部管理制度的完善情况。包括内部管理制度是否健全,执行是否有效。

内部控制关键岗位工作人员的管理情况。包括是否建立工作人员的培训、评价、轮岗等机制,工作人员是否具备相应的资格和能力。

财务信息的编报情况。包括是否按照国家统一的会计制度对经济业务事项进行账务处理,是否按照国家统一的会计制度编制财务会计报告。

其他情况。

（2）业务层面风险

预算管理情况。包括在预算编制过程中单位内部各部门间沟通协调是否充分,预算编制与资产配置是否相结合、与具体工作是否相对应;是否按照批复的额度和开支范围执行预算,进度是否合理,是否存在无预算、超预算支出等问题;决算编报是否真实、完整、准确、及时。

收支管理情况。包括收入是否实现归口管理,是否按照规定及时向财会部门提供收入的有关凭据,是否按照规定保管和使用印章和票据等;发生支出事项时是否按照规定审核各类凭据的真实性、合法性,是否存在使用虚假票据套取资金的情形。

政府采购管理情况。包括是否按照预算和计划组织政府采购业务,是否按照规定组织政府采购活动和执行验收程序,是否按照规定保存政府采购业务相关档案。

资产管理情况。包括是否实现资产归口管理并明确使用责任;是否定期对资产进行清查盘点,对账实不符的情况及时进行处理;是否按照规定处置资产。

建设项目管理情况。包括是否按照概算投资,是否严格履行审核审批程序,是否建立有效的招投标控制机制,是否存在截留、挤占、挪用、套取建设项目资金的情形,是否按照规定保存建设项目相关档案并及时办理移交手续。

合同管理情况。包括是否实现合同归口管理;是否明确应签订合同的经济活动范围和条件;是否有效监控合同履行情况,是否建立合同纠纷协调机制。

(3)其他风险

除了评估单位层面风险和业务层面风险外,现在很多单位都将内部控制评价与监督层面的风险评估增加进来。例如内部控制评价机构是否与内部控制建设机构分离,内部控制评价程序是否正确、内部控制监督机构是否进行有效监督等。

具体评估内部控制工作哪些层面的风险,除了财政部要求的单位层面、业务层面内部控制风险评估外,各单位可根据实际需要,适当增加风险评估的范围和具体指标。

4.5.3 风险评估的原则

合法性原则。评估工作应当符合《内控规范》及国家和科研事业所在地区相关法律法规规定。

全面性原则。评估工作应当包括科研事业单位经济活动决策、执行和监督全过程,涵盖科研事业单位全部经济业务。

重要性原则。评估工作应当在全面评估的基础上,关注科研事业单位重要经济活动风险。

适应性原则。评估工作应当根据科研事业单位实际，随外部环境变化、科研事业单位经济活动的调整和管理要求，不断调整和完善。

4.5.4 对风险评估部门的要求

开展风险评估工作，一般情况下单位都会成立风险评估小组或将风险评估工作交给相应部门开展。风险评估部门应加强学习，了解风险管理、风险评估、风险应对、风险管理标准等相关内容，掌握开展风险评估的相关知识和要求；在此基础上结合单位实际，制定切实可行的风险评估程序，开展风险评估工作。

4.5.5 风险评估报告的使用

在形成单位内部控制风险评估报告后，风险评估小组应及时将评估报告提交内部控制工作领导小组。内部控制工作领导小组依据风险评估结果，据此调整或完善最初的单位内部控制建设方案，为下一步开展内部控制建设做相关准备工作。

关于开展内部控制风险评估的具体工作，将在本书第5章详细讲解。

4.6 开展单位层面内部控制建设工作

基于单位内部控制现状评价和风险评估的基础性工作，即将进入单位内部控制建设阶段，这是单位内部控制的重中之重。单位层面内部控制，将为业务层面内部控制提供良好的控制环境。反之，单位层面内部控制建设得不好，例如单位在"三重一大"等议事决策事项方面未确定重大资金支出额度，则政府采购、资产管理等业务层面内部控制也将受到影响。因此在开展单位层面内部控制时，主要应关注以下几方面的问题。

4.6.1 认识单位层面内部控制建设的重要性

科研事业单位内部控制分为单位层面内部控制和业务层面内部控制。从《内控规范》看，单位层面内部控制包括组织结构、议事决策、关键岗位、关键人员、会计系统和信息系统控制等六个方面，确实不涉及预算、收支、政府采购、资产、建设项目、经济合同等具体业务，但是单位层面六个方面的控制又与业务层面控制息息相关。以关键岗位和关键人员控制为例，关键岗位上的关键人员，从事的就是对业务层面六项具体业务的控制。

2007年，美国PACOB（美国公众公司会计监督委员会，Public Company Accounting Oversight Board）审计准则第5号，将单位层面内部控制界定为：与控制环境相关的控制；对管理层凌驾的控制；单位风险评估的过程；集中式处理和控制，包括共享的服务环境；监督运行结果的控制；监督其他控制的控制，包括内部审计部门、审计委员会和自我评估计划的活动；对期末财务报告流程的控制；应对重大业务控制的政策和风险管理实务。该概念有助于我们理解单位层面内部控制的内容并与业务层面内部控制进行区分。

对应《内控规范》，第十三条内容为设立内部控制牵头部门，第十四条为建立经济活动决策、执行和监督分离机制，第十五条为关键岗位控制，第十六条为关键人员控制。第十三条至第十六条都与控制环境建设相关，第十七条与财务会计报告控制相关，第十八条信息系统建设与单位内部信息传递相关。

综上，单位层面内部控制是基础性控制。优秀的单位层面内部控制，将为业务层面内部控制提供前置的再控制。因此内部控制建设牵头部门应加强对单位层面内部控制建设重要性认识，了解单位层面内部控制的六方面内容，并制定详细的单位层面内部控制建设计划或安排，确保各项工作顺利开展。

4.6.2　进行充分的准备工作

在开展单位层面内部控制建设时，内部控制建设牵头部门一定要准确把握单位开展内部控制体系建设的主要目标是什么？是落实来自外部的财政部门、主管部门的监管要求，是规避经济业务风险，是确保国家财政资产安全使用，还是确保单位各项经济业务合规开展，同时兼顾履职的效率和效果。单位对内部控制建设的主要目标，决定了单位层面内部控制建设的重点方向和内容。内部控制建设牵头部门要加强对内部控制建设相关理论学习，了解和把握单位层面内部控制建设在内部控制建设工作中的重要性；对照《内控规范》要求，认真梳理单位层面的制度建设、机构设置方案、岗位设置方案等文件，了解单位在"三重一大"议事决策、内部审计、风险评估、内部控制监督评价等方面制度建设情况；了解单位财务部门设置、财务、人事等关键人员配备及轮岗要求、单位信息化建设情况，在此基础上，有针对性完善单位层面内部控制建设。

4.6.3 准确把握建设的重点

（1）要建立内部控制建设组织架构

成立由单位主要负责人任组长的内部控制建设领导小组，主要负责组织、指导、监督和检查内部控制建设情况；设立内部控制建设牵头部门，负责单位内部控制的建设、实施和后续完善工作；成立以纪检部门、内部审计部门牵头的内部控制建设监督机构，负责对单位内部控制建设、实施工作进行评价与监督。内部控制建设组织架构应通过发文的形式正式确立。

（2）加强三个机制建设

一是建立单位集体议事决策机制。简言之应制定单位"三重一大"等议事决策管理办法，明确议事范围、议事程序、决策执行、反馈与调整、监督检查、决策责任追究等内容。二是要建立内部控制执行机制。通过制定管理办法、执行流程、采取措施等方式，将单位所有经济业务通过一定的流程或措施联系起来，加强内部控制建设部门、实施部门和监督部门之间的沟通、合作和制衡，提高制度执行力。三是建立监督机制。制定单位内部控制评价与监督、内部审计管理办法，明确内部控制监督部门职责，加强对内部控制建立和执行情况监督。为下一步完善、优化内部控制建设提供依据。

（3）加强对关键岗位的设置和建设

《内控规范》明确内部控制关键岗位主要包括预算业务管理、收支业务管理、政府采购业务管理、资产管理、建设项目管理、合同管理以及内部监督等经济活动的关键岗位。这里既涉及依据单位"三定"方案设置财务、资产管理等部门职责，也涉及依据部门职责，制定预算、收支、资产管理等岗位职责，同时还应充分考虑不相容岗位的分离，不得由同一部门或同一个人办理业务全过程。

（4）加强信息化顶层设计

信息化是很多单位内部控制建设过程中的薄弱环节。因此在单位层面内部控制建设阶段，就应结合单位实际，系统进行信息化顶层设计。待单位《内部控制制度》和《内部控制手册》完成后，将各业务模块纳入统一的信息管理系统，减少或消除人为操纵，保证财务信息、业务信息的及时、可靠和完整，从而提升单位工作效率。

关于单位层面内部控制建设的具体工作，将在本书第6章详细讲解。

4.7 开展业务层面内部控制建设工作

作为内部控制牵头部门，在完成单位层面内部控制体系建设后，已经积累了一些开展内部控制工作的经验。与单位层面内部控制相比，业务层面内部控制，需要增加对业务流程、业务环节的梳理，找出关键业务环节，然后针对这些环节具体的风险点，制定相应的制度、执行程序和采取措施，防范业务经济活动中的风险。在开展业务层面内部控制时，主要应关注以下几方面的问题。

4.7.1 预算业务是内部控制的龙头

预算是单位所有经济业务开展的源头，因此预算业务控制对业务层面内部控制非常重要。单位预算控制包括事前计划、事中控制和事后记录三个阶段。其中事前计划阶段包括预算编制、审核、预算批复等环节；事中控制阶段包括预算执行分析、预算追加调整等环节；事后记录阶段包括会计核算、决算报告、绩效考核等环节。同时按照《内控规范》要求，还应建立"预算编制有目标、预算执行有监控、预算完成有评价、评价结果有反馈、反馈结果有应用"的全过程预算绩效管理机制。因此在预算业务控制环节，应加强对《中华人民共和国预算法》等法律法规的学习，结合财政部和单位所在省市对预算一体化系统建设要求，将对预算控制的要求贯彻落实到单位内部控制制度和相关业务流程关键环节中。

4.7.2 收支业务是内部控制的核心

收支业务控制是单位对经济活动资金流入流出过程的控制，收支控制贯穿单位所有经济业务，是业务层面控制的核心。收入控制的核心是做到应收尽收，防止产生账外收入和预防形成"小金库"。应明确财务部门是单位唯一的财务机构，由财务部门负责单位各类经济活动财务核算工作，参与单位各项经济管理工作，为单位重大经济决策提供依据和参考意见。在支出控制方面，控制重点是符合预算管理要求、符合人员费、办公费、项目经费等支出管理办法要求、符合单位的支出审批手续等要求。在债务业务管理方面，举借债务论证与审批是控制重点。

4.7.3 政府采购等业务控制的重点是合法合规

除了预算控制、收支控制外，业务层面控制还有资产控制、政府采购控制、建设项目控制和合同控制等四项业务控制。预算控制、收支控制贯穿其余四项业务开展全过程，并对其进行直接控制；除此之外，还应更关注这四项业务的合规性、合法性控制。政府采购控制、合同控制、建设项目控制必须符合《中华人民共和国政府采购法》《中华人民共和国招标投标法》《中华人民共和国民法典》《中华人民共和国建筑法》等相关要求，关注政府采购、合同签订和履行、建设项目开展过程中的合规合法性。资产控制方面，国务院制定了《行政事业单位国有资产管理条例》《事业单位财务规则》，对事业单位的资产管理、使用都做了明确规定。资产业务控制方面，应重点关注货币资金、实物资产、无形资产和对外投资的控制。货币资金控制的重点是出纳、会计不相容岗位分离和加强支付申请的事前审核。实物资产和无形资产的控制重点是必须建立资产统一归口管理部门，同时要关注资产处置及处置后资金的上缴情况。除资产归口管理部门外，任何人不得随意处置资产。对外投资控制的重点是投资的可行性研究、决策、投资收回及投资收益的处置情况等。

关于业务层面内部控制建设的具体工作，将在本书第7章详细讲解；关于预算业务控制、收支业务控制、政府采购业务控制、资产控制、建设项目控制、合同控制，将分别在本书第8~13章进行详细讲解。

4.8 启动内部控制制度汇编工作

内部控制制度汇编即把各种制度汇集在一起，最终以制度合订文本的形式呈现。可是怎样起草符合单位实际的内部控制制度，要把哪些制度纳入内部控制制度汇编，这才是内部控制制度汇编的核心问题。

4.8.1 内部控制制度体系的构成

一般来说，科研事业单位内部控制制度体系由三部分构成。

第一部分由财政部《行政事业单位内部控制规范（试行）》（财会〔2012〕21号）、财政部《关于全面推进行政事业单位内部控制建设的指导意见》（财会〔2015〕24号）等关于内部控制建设的上位文件组成；这类文件明确了单位内部控制工作的建设目标、工作原则、工作步骤和路径方法；规定了由单位"哪些人"做"哪些事""如何做"等事项。《内控规范》等文件是开展内部控制的"行为法"和"组织法"，因此应列入单位内部控制制度体系。

第二部分由相关的上位法律法规、部门规章等组成。科研事业单位，上位法规涉及《中华人民共和国会计法》《中华人民共和国预算法》《中华人民共和国政府采购法》《中华人民共和国招标投标法》《中华人民共和国建筑法》《中华人民共和国民法典》《中华人民共和国促进科技成果转化法》《中华人民共和国科学技术进步法》等相关法律。还有《中华人民共和国预算法实施条例》《行政事业单位国有资产管理条例》等，也应列入单位内部控制制度体系。

第三部分由单位制定的制度或实施细则构成。按照财政部对行政事业单位内部控制规范建设的要求，结合上位法律法规、部门规章，结合单位实际，起草单位层面的"三重一大"议事决策、内部审计、风险评估、内部控制评价与监督等管理制度文本；起草业务层面的预算、收支、票据、政府采购、资产管理、合同管理、建设项目管理等制度文本。这些制度经单位"三重一大"议事决策机制审定后，与财政部《内控规范》等内部控制建设规范性文件、《中华人民共和国会计法》等法律法规，共同构成单位的内部控制制度体系。

4.8.2 如何起草内部控制制度

将财政部对行政事业单位内部控制建设的要求、将涉及的上位法律法规对内部控制建设的要求，结合单位的实际状况，融合形成单位的内部控制制度。听起来容易做起来难，尤其要起草一批操作性特别强，随时随地都会被检验的内部控制制度更难。但是起草制度，又是内部控制牵头部门绕不过去的弯，也是内部控制建设的"重头戏"。以下有几点制度起草的建议，供内部控制牵头部门参考。

一是梳理内部控制建设过程中发现的风险点。在单位层面和业务层面风险梳理过程中，内部控制牵头部门发现了很多风险点。应重新回顾这些风险点，做到心中有数。

二是认真学习财政部关于行政事业单位内部控制建设的系列文件。如《内控规范》，这里面提到的一些内容，直接可以成为制度条款。以《内控规范》

对"风险评估"的要求为例，第八条规定"经济活动风险评估至少每年进行一次；外部环境、经济活动或管理要求等发生重大变化的，应及时对经济活动风险进行重估。"第十条、第十一条分别规定了单位层面、业务层面风险评估的重点，这些要求都可以直接写入单位的风险评估管理办法。因此梳理财政部关于行政事业单位内部控制的要求，形成清单，将其分别纳入单位内部控制的风险评估、"三重一大"议事决策、关键岗位轮岗、信息化管理、预算管理、收支管理、政府采购管理、资产管理、资金管理、票据管理、建设项目管理、合同管理、评价与监督、内部审计、档案管理等制度，是最可行最有效的做法。

三是认真学习对内部控制提出具体要求的法律法规。以起草单位的政府采购管理办法为例，在充分吸纳财政部《内控规范》对政府采购内部控制的基本要求外，应认真学习《中华人民共和国政府采购法》《中华人民共和国政府采购法实施条例》《中华人民共和国招标投标法》《中华人民共和国招标投标法实施条例》等的相关要求，同时要结合国家的一些文件或政策，如《政府采购促进中小企业发展管理办法》《关于促进政府采购公平竞争优化营商环境的通知》等要求，将重点内容形成清单，结合单位实际纳入单位政府采购管理办法。

四是借鉴同类型单位的内部控制制度。有的单位内部控制建设工作开展的时间较早，已基本形成相对完善的制度体系。可以通过调研、座谈等方式，了解同行单位在设计内部控制制度时的考虑和初衷。在本单位制定内部控制制度时，有意识地去借鉴同类型单位执行得比较好的那部分制度，为我所用。

五是梳理完善现有制度。经过上述几个步骤，内部控制牵头部门对单位内部控制有哪些风险点、需要起草哪些制度、至少包含哪些内容已经心中有数了。对照梳理单位现有制度，会很容易发现哪些制度有重叠、哪些制度有缺陷。没有的制度应从头开始制定，对已有的制度应尽快进行完善或修订。完成制定或修订后，应回头看是否能够覆盖内部控制体系建设过程中梳理的风险点。如果不能覆盖，那就还需要制定新的制度，或者在现有制度中增加其他的措施或执行程序来规避风险，直到制定的制度可以全部覆盖想要规避的风险点。必要时应请法务部门或第三方机构对起草的制度文本进行审核。制度文本经单位"三重一大"议事决策审定后，通过正式发文的方式将文件固定并开始执行。

启动内部控制内控手册编制工作

与对企业的要求不同,财政部并没有要求行政事业单位编制《内部控制手册》。但是作为《内部控制制度汇编》的必要补充,编制《内部控制手册》还是有重要意义的。

（1）《内部控制手册》可更好地促进内部控制制度落实

《内部控制手册》展示了《内部控制制度汇编》所不能展示的内容,会向使用者传递很多信息。例如本单位开展内部控制建设的初衷是什么,包含哪些内容,后续对内部控制建设的设想是什么？谁对本单位内部控制建设和实施工作负责,由哪个部门牵头开展内部控制体系建设工作,哪个部门对内部控制负有监督责任？使用者在内部控制工作中是什么角色,如何执行内部控制制度？具体到每一项业务,控制的目标是什么,如何做才是符合内部控制的要求？高质量的《内部控制手册》,就是单位内部控制工作的宣传手册,可以促进内部控制制度更好落实。

（2）《内部控制手册》比内部控制制度更直观

在某些方面,《内部控制手册》关于业务流程的表述,可能比内部控制制度的表述更为直观。以某单位支出事项审批权限为例,在单位的支出内部控制制度中,文字是这样表述的："审批权限：5千元以下支出由部门分管领导审批；5千元（含）~1万元支出由部门分管领导、分管财务领导审批；1万元（含）~5万元支出由部门分管领导、分管财务领导和单位主要领导审批；凡5万元以上（含）支出均为大额资金支出,由单位领导班子集体研究决定。"而在《内部控制手册》中,通过一张审批权限事项流程图,就可以很清晰地描述各级领导的权限。申请支出款项的使用者,也很容易通过流程图了解审批的节点和进度。此外,《内部控制手册》中的一个流程也可能会覆盖好几项制度。例如上述某单位的支出审核权限,就会覆盖到单位的政府采购、资产业务、合同业务和建设项目等业务。事实上,《内部控制手册》通过对一类业务流程的表述,可能对某几项制度的内部控制要求都进行了规定。这加深了使用者对内部控制制度的理解,促进了使用者对内部控制制度"一以贯之"地执行。

（3）《内部控制手册》更有助于内部控制信息化实施

规范的《内部控制手册》更有助于内部控制信息化的实施。一本《内部控制手册》中，内容最多的是什么？是各种各样的流程图。业务流程规范化、标准化是业务层面内部控制信息化的重要基础。如果《内部控制手册》对业务流程梳理得非常清晰，绘制的流程图非常标准，则对下一步信息化部门顺利开展工作是非常有意义的。

关于《内部控制手册》的编制和示例，将在本书第14章进行详细讲解。

4.10 完善内部控制信息化建设工作

《内部控制制度汇编》和《内部控制手册》编制完成后，单位内部控制体系建设基础性工作完成。下一步单位应结合自身信息化水平和信息化团队配置等条件，开展内部控制信息化建设工作。通过建立统一的内部控制信息化平台，将分布于互联网、财政专网、局域网的财务报销系统、合同管理系统、科研项目管理系统等串联起来。实现相关业务流程标准化、控制环节自动化，降低人为干扰，提高业务信息传递的准确性和及时性。

信息化是推动《内部控制制度汇编》和《内部控制手册》落地实施的重要措施。如果一个单位的经济业务完全不借助信息系统开展，那么《内部控制制度汇编》和《内部控制手册》被"束之高阁"的情况还是有可能发生的。内部控制的信息化，就是通过信息系统的搭建，将单位散落在各业务部门的财务、资产管理、收支管理、科研项目管理等信息系统联通，避免"信息孤岛""信息烟囱"的产生；将一个单位的控制理念、控制目标、控制流程、控制方法等通过信息化的手段，固定到搭建好的信息系统中，增强业务流程的执行力，提高内部控制效率，从而实现单位既定的内部控制目标。信息化建设的过程中，有几个问题需要注意：

（1）务必专业的人做专业的事

大多数单位由财务部门牵头内部控制建设工作。财务部门又鲜有懂信息化的人才。因此内部信息化的工作需要单位的信息化部门配合开展，或者邀请第三方机构协助开展工作。建立由财务部门、业务部门、信息化部门组成的内部控制信息化小组，全权负责单位内部控制信息化的建立、实施、调试、运行和维护工作。同时内部控制建设部门也应重视财务信息化人才的引进和培养，为单位后续信息化建设做储备。

（2）务必加强信息化建设顶层设计

顶层设计既要考虑到单位现有信息化现状和财务预算，又要考虑到为未来业务发展"留白"；顶层设计应具备清晰的建设思路、建设目标、系统功能、时间节点、建设路径、重点任务和保障措施，便于落地实施。

（3）务必加强信息化系统动态调整

再完美的信息化顶层设计，如果不能落地则毫无意义。因此信息化系统需要在财务部门、业务部门的使用过程中，反复进行调试，直至达到最优效果。需要注意的是，有时信息流不顺畅，不一定完全是信息系统的问题，也可能是内部控制制度和流程设计的问题。这需要内部控制建设部门和信息化部门共同努力，找到问题所在。从这个角度看，信息化与内部控制相辅相成，信息化的实施，反过来还可以推动内部控制制度和流程的持续优化。

关于内部控制信息化的内容，将在本书第17章进行详细讲解。

持续进行内部控制建设运行维护工作

关于内部控制建设的运行和维护工作，科研事业单位的管理层、内部控制领导层和建设层各有其责。

（1）管理层的责任

管理层应从推进国家治理体系和治理能力现代化高度，重视单位内部控制体系建设。党的十九大提出不断推进国家治理体系和治理能力现代化，构建系统完备、科学规范、运行有效的制度体系的改革目标。从微观角度看，内部控制是制约单位权力运行的重要手段，是国家治理的重要工具。通过内部控制推动单位治理体系和能力现代化，势必推动国家治理体系和治理能力现代化。科研事业单位管理层应从推进国家治理体系和治理能力现代化的高度，坚持系统思维和底线思维，研究推动单位内部控制体系顶层设计、建立、运行和持续完善。

（2）内部控制领导机构的责任

内部控制领导机构应主动作为，推动内部控制体系建设动态优化。完成《内部控制制度汇编》和《内部控制手册》制定仅仅是内部控制工作的开始。由于内部控制是对科研事业单位经济活动的风险进行防范和管控，因此风险的不确定性决定了内部控制体系建设不可能一劳永逸。科研事业单位内部控制领导机构应积极主动作为，结合科研事业单位发展的内外部环境变化，结合科研事业单位内部管理要求变化，结合巡视巡查、内外部审计、各类专项检查提出的问题，定期听取内部控制风险评估情况、自我评价与监督情况，督促内部控制牵头部门持续优化内部控制体系建设，保证内部控制体系安全有效运行。

（3）内部控制建设部门的责任

内部控制牵头建设部门应提升内部控制与财务业务融合能力，做好内部控制体系建设。我国的内部控制体系建设工作由财政部牵头开展，同时由于目前内部控制体系建设主要是对经济活动的风险进行防范和管控，所以大部分单位都由财务部门牵头内部控制建设工作。科研事业单位内部控制体系建设，对财务部门提出了更高要求。财务部门应提升业财深度融合能力，将科研事业单位发展需要、财务管理需要、法律法规需要、内部控制需要，以及信息化需要深度融合，构筑起科研事业单位发展层面、内部控制层面、内外部监督层面三重风险防范机制，以保证内部控制体系建设能够为科研事业单位长远发展提供制度保障。

第 5 章

启动风险评估工作

我们再来回顾内部控制的定义，《内控规范》第三条指出，内部控制是指"单位为实现控制目标，通过制定制度、实施措施和执行程序，对经济活动的风险进行防范和管控"。通过定义可以知道，所有内部控制工作，无论是制度制定，实施措施还是执行程序，最后都落脚到对"风险"的防范和管控。所以需要了解什么是风险，如何评估风险，采取哪些措施可以规避风险。

5.1 与风险相关的定义

2014年7月1日实施的国家标准GB/T 23694—2013《风险管理术语》对风险相关概念进行定义，具体如下。

5.1.1 风险的定义

风险是不确定性对目标的影响。标准中对风险的定义进行注释，"影响"是指偏离预期，可以是正面的或负面的；"目标"可以是不同方面（如财务、健康与安全、环境等）和层面（如战略、组织、项目、产品和过程等）的目标；通常用潜在事件（某一类情形的发生或变化）、后果（某事件对目标影响的结果）或者两者的组合来区分风险；通常用后果（包括情形的变化）和事件发生的可能性（某件事情发生的机会）的组合来表示风险；"不确定性"是指对事件及其后果或可能性的信息缺失或了解片面的状态。

5.1.2 风险管理过程

风险管理过程，即将管理政策、程序和操作方法系统地应用于沟通、咨询、明确环境以及识别、分析、评价、应对、监督与评审风险的活动中。

（1）风险评估

包括风险识别、风险分析和风险评价全过程。

风险识别是发现、确认和描述风险的过程，包括对风险源（可能单独或共同引发风险的内在要素）、事件（某一类情形的发生或变化）及其原因和潜在后果（某事件对目标影响的结果）的识别。风险识别可能涉及历史数据、理论分析、专家意见以及利益相关者的需求。

风险分析是理解风险性质、确定风险等级的过程。风险分析是风险评价和风险应对决策的基础。

风险评价是对比风险分析结果和风险准则,以确定风险和(或)其大小是否可以接受或容忍的过程。风险评价有助于风险应对决策。

(2)风险应对

风险应对是处理风险的过程。风险应对可以包括不开始或不再继续导致风险的活动,以规避风险;为寻求机会而承担或增加风险;消除风险源;改变可能性;改变后果;与其他各方面分担风险(包括合同和风险融资);慎重考虑后决定保留风险。

风险应对的方式主要有:

风险规避:决定不参与或退出某一活动,以避免暴露于特定风险。

风险分担:涉及与其他各方就风险分配达成协议的风险应对形式。

风险融资:为面对或处理一旦发生的财务后果而做出应急资金安排的风险应对形式。

风险自留:接受某一特定风险的潜在收益或损失。

5.2 开展风险评估工作

《内控规范》第七条规定,单位应当根据本规范建立适合本单位实际情况的内部控制体系,并组织实施。具体工作包括梳理单位各类经济活动的业务流程,明确业务环节,系统分析经济活动风险,确定风险点,选择风险应对策略,在此基础上根据国家有关规定建立健全单位各项内部管理制度并督促相关工作人员认真执行。

由此可见,制定风险评估办法,成立风险评估小组,梳理单位各类经济活动的业务流程,明确业务环节,是风险评估的前提。

5.2.1 制定风险评估管理办法

风险评估管理办法是风险评估小组开展风险评估的根本遵循,因此制定风险评估管理办法是开展风险评估的第一步。风险评估管理办法应明确评估目的、评估内容(单位和业务层面)、评估原则(如合法性、全面性、重要性、适应性等原则）；明确风险评估工作机制，如成立由单位负责同志为组长的风险评估领导小组；明确风险评估的频次（如至少每年1次，外部环境等发生重大变化的，及时评估）；制定评估程序，明确评估报告的内容、评估报告的结果运用等。

5.2.2 制定风险评估方案

按照风险评估管理办法要求，制定《风险评估方案》，设立风险评估小组，明确风险评估目标、主要任务、评估范围、评估方案、工作保障和完成时间等。

5.2.3 开展风险评估

（1）梳理单位全部经济业务

按照科研事业单位"三定"（定机构、定编制、定职能）方案，或单位组织机构代码证上的相关职责，梳理单位的全部业务，特别是经济业务。

（2）梳理业务运行流程

由风险评估小组牵头，对预算编制、政府采购等业务流程进行梳理。对照《内控规范》要求，结合单位管理实际需求，梳理这些业务流程是否运行顺畅，是否有潜在风险点。

（3）风险识别

举例来说，在上述梳理过程中，风险评估小组通过查阅文件等方式，了解到单位"三重一大"决策程序，明确的大额资金支出标准为5万元。但政府采购流程图中，预算5万元以上的支出全部由单位主要领导"一支笔"签字审批。随后风险评估小组经实地抽查，发现单位未对政府采购相关文件进行存档控制。那么风险评估小组梳理政府采购业务流程过程中识别2个风险点，即单位存在政府采购大额资金支出未执行"三重一大"决策程序决定、政府采购相关文件未存档2个风险点。

（4）风险分析

风险分析是风险评估的核心，也是下一步风险评价和风险应对决策的基础。科研事业单位可以结合单位规模和具体开展业务实际，制定风险发生可能性评估标准。

如A级风险，代表危害很大，风险发生概率极高；B级风险，代表危害较大，风险发生概率较高；C级风险，代表危害一般，风险在某些情况下会发生；D级风险，代表很少危害，风险在少数情况下会发生；F级风险，代表危害较低，风险一般情况下才会发生。

现在风险评估小组需要评估，上述识别的2个问题是属于单位确定的哪个级别的风险。结合单位近三年政府采购支出情况，经评估，风险评估小组一致认定"政府采购大额资金支出未执行'三重一大'决策程序决定"属于A级风险；结合单位文书档案等管理情况，风险评估小组一致认定"政府采购相关文件未存档"属于C级风险。

（5）风险评估

风险评估常用方法分为定性评估法、定量评估法和综合评估法等。定性方法有问卷调查法、集体讨论法、专家调查法等，定量评估的方法有概率评估法、数学模型计算评估法、相对评估法等，综合评估法有层次分析法、BP神经网络法、模糊综合评价法等。各科研事业单位可结合实际情况，选取多种方法开展风险评估。

回到上述案例，通过采用集体讨论法、专家调查法等方法，风险评估小组一致认定"政府采购大额资金支出未执行'三重一大'决策程序决定"属于高风险，"政府采购相关文件未存档"属于中风险。

（6）风险应对

如前所述，风险应对的方式主要有风险规避、风险降低、风险分担、风险融资、风险自留等方式。经评估，"政府采购大额资金支出未执行'三重一大'决策程序决定"问题，风险评估小组建议采取风险降低方式，大额资金支出必须纳入单位"三重一大"决策程序；"政府采购相关文件未存档"问题，建议采取风险转移方式，建议将政府采购档案整理非核心工作外包，降低风险。当然，此处是举例说明风险降低和风险转移方式，如果涉及涉密政府采购档案或者单位对档案管理有明确规定的，仍然要采取政府采购人员自行存档、档案室监督检查等方式，降低档案管理风险。

至此，风险评估小组针对政府采购业务这一环节的风险评价就完成了。以此类推，风险评估小组对单位全部经济业务的所有流程、环节逐一进行评估，得出风险评估结论，并提出改进建议。

5.3 风险评估报告及结果运用

按照《内控规范》，经济活动风险评估结果应当形成书面报告并及时提交单位领导班子，作为完善内部控制的依据。

单位领导班子依据风险评估报告，向相关部门下达整改要求。相关部门结合风险评估报告，在规定期限内认真组织完成整改，并将整改报送风险评估领导小组。内部控制建设牵头部门依据风险评估报告和相关部门整改情况，持续完善《内部控制制度汇编》和《内部控制手册》。

风险评估报告至少应包含以下内容。

（1）风险评估的背景

说明此次风险评估，是一年一度例行评估，还是因单位外部环境、经济活动或管理要求等发生重大变化开展的评估。

（2）风险评估的组织情况

风险评估小组的构成和职责、《风险评估方案》的制定和落实情况、风险评估的范围、评估程序、评估原则和方法等。

（3）发现的主要风险

单位层面风险（内部控制工作组织、内部控制机制建设、内部管理制度完善、内部控制关键岗位工作人员管理、财务信息编报、内部控制信息系统建设、归口管理、不相容岗位互相分离、内部授权审批控制等方面存在的风险），业务层面风险（预算管理、收支管理、政府采购管理、资产管理、建设项目管理和合同管理等方面存在的风险）。

（4）主要风险分析

针对第三部分发现的风险，确定风险等级，明确需重点关注的风险。

（5）风险评估结论

结合风险分析，提出风险评估结论。

（6）提出风险应对建议

结合风险评估过程，提出风险应对建议，降低风险发生概率。

5.4 风险控制的主要方法

为了降低单位经济活动风险发生的概率,《内控规范》提出不相容岗位分离、内部授权审批控制等8种内部控制方法。这些控制方法在2001年财政部发布的《内部会计控制规范》(财会〔2001〕41号,已失效)基础上,又进一步加以凝练和提升。

5.4.1 不相容岗位分离

《内控规范》提出不相容职务分离原则。不相容职务相互分离控制要求单位按照不相容职务相分离的原则,合理设置会计及相关工作岗位,明确职责权限,形成相互制衡机制。不相容职务主要包括:授权批准、业务经办、会计记录、财产保管、稽核检查等职务。不相容岗位相互分离的原则是相互牵制,这也符合内部控制的"制衡性"原则。

不相容岗位是指不能由一个部门或一个人兼任的岗位,这些岗位既相互分离、相互制约又相互监督。不相容岗位设立的初衷,是2个人或2个以上人员无意识犯同样错误的可能性很小,共同舞弊的可能性也低于一人舞弊的可能性。会计和出纳是大众最熟悉的不相容岗位。《内控规范》要求,保证预算编制、审批、执行、评价等不相容岗位相互分离;收款、会计核算等不相容岗位相互分离;支出申请和内部审批、付款审批和付款执行、业务经办和会计核算等不相容岗位相互分离;政府采购需求制定与内部审批、招标文件准备与复核、合同签订与验收、验收与保管等不相容岗位相互分离;货币资金业务全过程不相容岗位相互分离;对外投资的可行性研究与评估、对外投资决策与执行、对外投资处置的审批与执行等不相容岗位相互分离;项目建议和可行性研究与项目决策、概预算编制与审核、项目实施与价款支付、竣工决算与竣工审计等不相容岗位相互分离。

5.4.2 内部授权审批控制

内部授权审批控制是指科研事业单位以文件(如部门岗位职责、个人岗位职责任务书)或口头授权等方式,明确各部门、各岗位日常管理和业务办理的授权范围、审批程序和相应责任。以某单位资金支出授权审批为例,1万元以下的支出由各部门分管领导授权审批，1万元以上、2万元以下支出由单位分管财务领导授权审批，2万元以上、5万元以下支出审批由单位主要领导审批，5万元以上支出由单位"三重一大"决策程序审批。授权审批将部分责任具体落实到部门或个人，给予相应部门或个人一定的责任，同时又降低"一支笔""一个人说了算"的审批风险。

5.4.3 归口管理

根据科研事业单位实际情况，按照权责对等的原则，明确某项经济业务的牵头部门或牵头人员，对有关经济活动实行统一管理。例如，财务工作由财务部门负责管理，合同工作由科研部门负责管理。不存在财务工作同时归财务部门和科研部门管理，也不存在合同工作同时归财务部门和科研部门管理。"有权必有责，用权必担责"，业务的归口管理，既能确保专业的人干专业的事，提升管理效率，又能保证发生问题时不互相推诿，快速解决问题。多头归口的管理，势必造成内部控制的混乱。归口管理，从源头上掐断了内部管理混乱的可能性。

5.4.4 预算控制

《事业单位财务规则》（中华人民共和国财政部令第108号）规定，事业单位预算是指事业单位根据事业发展目标和计划编制的年度财务收支计划。《内控规范》要求，强化对经济活动的预算约束，使预算管理贯穿于单位经济活动的全过程。内部控制中的收支业务控制、采购控制、资产管理控制、建设项目控制等均涉及预算控制。科研事业单位应用好全面预算控制这一内部控制方法，重视预算编制与审核、规范预算执行与调整、强化预算分析与考核，对单位所有经济活动进行事前计划、事中控制、事后反馈的全过程控制，更好实现内部控制预防舞弊和防腐败的目标。

5.4.5 财产保护控制

财产保护控制是指保护资产不被偷盗或未经许可而获得或被使用的措施和程序。

建立财产日常管理制度。如建立单位资产管理信息化系统，及时将资产变动信息录入单位资产管理信息系统，做好资产动态管理工作。如建立由单位、内设部门构成的资产二级管理体制。单位资产管理部门负责资产验收入库、登记入账等工作。负责固定资产的账卡管理、清查登记等工作；负责资产日常管理工作，保障固定资产安全完整；负责办理单位资产配置、处置和对外投资、出租和出借等事项的报批手续。内设部门对本部门资产的安全性、完整性负责。建立本部门资产台账，配合单位资产管理部门办理本部门固定资产增加、领用、调剂、报废等手续；配合资产管理部门开展单位资产年度清查、盘点等工作。

建立资产定期盘点制度。按照单位资产管理要求，应成立资产盘点小组，制定盘点计划，每年至少应组织一次资产盘点。采取以实物与账卡相对照的方法，对单位资产数量、存放地点、使用状况及完好程度进行全面盘点。

5.4.6 会计控制

会计控制指科研事业单位为了提高单位的会计信息和质量，更有效地保护单位资金安全，而按照国家的相关法律法规所实施的一系列相关的措施和控制方法。这些控制措施包括成立财务部门、建立财务制度、按照不相容岗位分离原则配备财务人员、选择适当的会计制度和记账方式进行记账、核对以及档案管理等工作。

为做好会计控制工作，应加强单位会计人才队伍建设，明确财务人员基本素质要求。开展会计继续教育培训，提升会计人才的专业素养和职业道德水平。制定财务管理办法，选取合适的会计制度，明确财务工作管理机制、确保财务工作的审批和执行、支付和对账、核算和稽核、内部审计等岗位分离，不允许其他不具备职权的部门或人员经办财务业务，不允许由一人办理财务业务全过程，确保财务岗位的相互分离、相互制约和相互监督。制定会计档案管理办法，明确会计档案归档要求，规范档案的保管、使用与管理。

5.4.7 单据控制

单据控制通过单位内部表单和来自外部的票据两个方面进行控制。内部表单主要由单位的事项请示单、报销单、借款审批单、发票领取单等构成；表单的形式可以是纸质的，也可以是通过单位的办公自动化等系列流转的电子表单；票据主要是来自外部的发票、小票等。通过单位内部表单和外部票据的联合控制，进行"留印"和"有痕",对科研事业单位所发生的经济行为进行控制。

科研事业单位在将制度要求通过表单的形式表现时,表单应能覆盖审批的基本内容,如填表人、金额、事项、审核权限等,有条件的还要尽量使用电子表单加强控制。外部票据审核方面,除了审核票据真伪,同时应加强票据齐全性以及票据之间关联度的审核,加强纸质和电子票据的保管,便于查询和使用。此外,2012年财政部发布《财政票据管理办法》(财政部令第70号),对财政票据的种类、领购、发放、使用、保管、核销、销毁及监督检查等做了明确规定。科研事业单位应结合单位实际,制定票据管理办法,明确票据领购、保管、发放、开具、核验、销毁等日常管理,加强票据管理。

5.4.8 信息内部公开

2017年,国务院颁布《中华人民共和国政府信息公开条例》(国务院令第711号),对信息公开的主体和范围、公开方式、监督检查等都做了明确规定。信息公开是最好的"防腐剂",公开透明是最好的监督方式。公开让权力透明,也让权力寻租没有空间。科研事业单位应结合单位实际,制定信息公开有关规定,明确信息公开的范围、内容、机制和程序,加强信息公开的广泛性、及时性、准确性和便利性。

第 6 章

启动单位层面内部控制建设工作

在了解了科研事业单位内部控制要求、完成风险评估工作后，我们即将启动科研事业单位内部控制建设工作。无论内部控制工作以什么样的方式开展，最终为了控制单位经济活动风险采取的措施（如不相容岗位分离、财产保护等措施）、执行的程序（如审核、审批等程序），都将以制度的形式固化下来。科研事业单位全体员工通过对制度的执行来落实内部控制相关要求。科研事业单位内部控制建设的目标，即按照《内控规范》要求，将内部控制制度的"四梁八柱"建设起来。经梳理，表6-1所示33项制度构成科研事业单位内部控制制度的基本框架。各科研事业单位可依据实际需要，增减相关制度或制定制度实施细则。

表6-1 科研事业单位内部控制制度基本框架

序号	具体方面	内部控制规范具体要求	具体表现形式
1	风险评估	建立经济活动风险定期评估机制	内部控制风险评估管理制度
2	单位层面	建立健全集体研究、专家论证和技术咨询相结合的议事决策机制	"三重一大"事项决策制度
		建立内部控制关键岗位工作人员的轮岗制度	关键岗位轮岗制度
3	业务层面	建立健全预算编制、审批、执行、决算与评价等预算内部管理制度	预算管理制度
		建立健全收入内部管理制度	收入管理制度
		建立健全票据管理制度	票据管理制度
		建立健全支出内部管理制度	支出管理制度 公务接待管理制度 因公出国（境）管理制度 培训费管理制度 会议费管理制度 差旅费管理制度 财政科研项目管理制度 横向科研项目管理制度 财政专项项目管理制度
		建立健全债务内部管理制度	债务管理制度

续表

序号	具体方面	内部控制规范具体要求	具体表现形式
3	业务层面	建立健全政府采购预算与计划管理、政府采购活动管理、验收管理等政府采购内部管理制度	政府采购管理制度
		建立健全资产内部管理制度	财务管理制度 固定资产管理制度 无形资产管理制度 印章管理制度 资金管理制度 银行账户管理制度 对外投资管理制度 公务用车管理制度
		建立健全建设项目内部管理制度	建设项目管理制度
		建立健全合同内部管理制度	合同管理制度
4	评价与监督	建立健全内部监督制度	内部审计制度 内部评价与监督制度
5	其他方面	网络安全、信息化、档案管理、保密等要求	网络安全制度 信息化制度 档案管理制度 保密管理制度

6.1 组织架构控制

6.1.1 案例分析

案例名称： 内部监督缺失——某地36%的单位内审机构形同虚设，3年未开展内部审计

2016年，某省审计厅厅长作关于《某省内部审计条例》贯彻实施情况的报告。他介绍，2015年，省政府责成省法制办和审计厅联合在全省范围内对省、市、县一级预算部门和国有企业、地方金融机构共计9370个单位贯彻落实《某省内部审计条例》的情况进行专项检查。检查发现，全省建立内审制度的单位突出监督重点，积极探索具有行业特点的内审监督模式，组织实施了大量审计项目，

内审职能作用发挥效果得以初步显现。近3年，全省共开展各类内审项目4.82万个，查处违纪违规金额71.64亿元，促进单位（部门）增收节支44.50亿元；提出审计建议并被采纳4.13万条；通过采纳审计建议给予党纪、政纪和其他处理2238人。通过查错纠弊和发挥审计的建设性功能，一些内审机构在促进单位（部门）规范管理、防范风险、提高效益和遏制腐败方面发挥了积极作用。

该省审计厅厅长在肯定内部审计工作的同时，也表示《某省内部审计条例》颁布施行以来，虽然取得了一些新的进展，但总体上贯彻并不理想。近3年来，全省有近89%的行政机关、近67%的国有企业及金融机构未组织实施任何形式的内审监督，内审在许多单位成为"一纸空文"。近3年来有64%的单位履行了内审监督职责，36%的单位连续3年未实施过审计项目，其内审机构形同虚设。

案例分析： 内部审计是对一个单位内部控制实施、执行情况进行的再控制。上述案例正是因为内部审计工作的开展，堵上了制度漏洞，为国家和单位挽回了71.64亿元损失，同时降低了进一步造成损失的可能性。

6.1.2 组织架构

（1）组织架构的定义

关于事业单位或者科研事业单位的组织结构，并无明确的定义。通过企业组织架构的定义，可以更直观地了解什么是组织架构。2010年财政部发布的《企业内部控制应用指引第1号——组织架构》第二条规定"本指引所称组织架构，是指企业按照国家有关法律法规、股东（大）会决议和企业章程，结合本企业实际，明确股东（大）会、董事会、监事会、经理层和企业内部各层级机构设置、职责权限、人员编制、工作程序和相关要求的制度安排。"从企业组织架构定义可以看出，组织架构既涵盖了治理结构和内设机构两个层级，又涵盖各层级的职责权限、人员编制配备情况、工作职责等。大多数研究学者引用企业组织构架的定义，来研究科研事业单位组织构架情况，本书也使用财政部关于企业组织架构的定义来开展研究。即科研事业单位的组织架构，是科研事业单位明确治理层和内设机构设置、职责权限、人员编制、工作程序和相关要求的制度安排。

（2）组织架构的构成

科研事业单位的组织架构由治理层、内设机构层和监督层构成。对科研事业单位而言，治理层就是决策层，一般指单位行政班子或党组织；内设机构层是执行层，由单位内设的财务部门、办公室、业务部门等构成；监督层分为内部监督和外部监督。内部监督机构由单位的内部审计机构、纪检监察机构等组成；外部监督机构由上级主管部门、财政部门、审计部门、巡视巡查部门等组成。科研事业单位组织架构构成情况如图6-1所示。

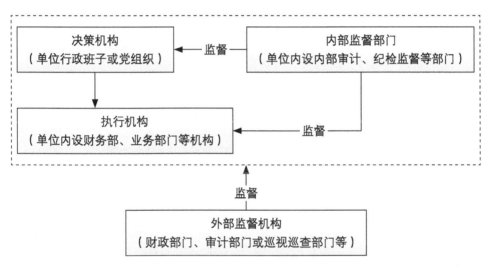

图6-1　科研事业单位组织架构示意图

（3）组织构架的重要性

组织架构是否合理，对科研事业单位的发展起着至关重要的作用。良好的组织架构，能让科研事业单位做到分工明确、职责清晰、沟通顺畅、提升效率。《内控规范》规定，单位负责人对本单位内部控制的建立健全和有效实施负责。作为班子中的"头雁"，负责人有责任有义务建立起良好的组织架构，明确内设机构在内部控制中的责任，明确相关人员在内部控制中的责任，共同为单位内部控制建设发展奠定良好的组织基础。

前述案例虽然设置了内审机构作为内部监督机构，但内部审计机构徒有虚名，未按职责开展内部审计，未对决策层和执行层实行有效监督，导致单位违规违纪行为、经济风险未能及时准确识别。内部审计机构是否真正发挥作用，这些年逐渐成为外部审计、巡视巡查的重点。

6.1.3 控制目标

《内控规范》中对组织架构的相关要求,就是科研事业单位的控制目标,下同。

第十三条 单位应当单独设置内部控制职能部门或者确定内部控制牵头部门,负责组织协调内部控制工作。同时,应当充分发挥财会、内部审计、纪检监察、政府采购、基建、资产管理等部门或岗位在内部控制中的作用。

第十四条 单位经济活动的决策、执行和监督应当相互分离。

6.1.4 可能存在的风险

组织机构可能存在的风险示例如表6-2所示。

表6-2 组织机构可能存在的风险示例

序号	具体事项	可能存在的风险点
1	未明确内部控制职能部门或确定牵头部门	决策机构做出的内部控制建设决定无法实施; 内部控制建设工作不能落实落地; 内部控制建设工作出现偏差不好问责; 后续内部控制建设工作缺乏延续性
2	组织架构未体现决策、执行和监督分离原则	未设置监督机构,对决策机构和执行机构缺乏制衡或监督; 设置了监督机构,但只能监督执行机构,不能监督决策机构; 未按编办要求,多设或少设内设机构; 未充分考虑科研事业单位职责要求,内设机构设置不合理,如机构之间职责有交叉,或有的机构职责过多,有的无实质任务; 内设机构的设置、调整和撤销等未按规定进行

6.1.5 控制措施

① 严格按上级机构编制部门下发的《"三定"方案》(定编、定岗、定责),设立科研事业单位的决策机构、执行机构和监督机构,确保决策权、执行权和监督权分离。

② 严格按上级机构编制部门关于开展内设机构具体设置和职责的相关要求,结合赋予科研事业单位职责和实际情况,制定本单位内设机构设置方案,合理设置内部机构。

③ 完成内部机构设置后,结合各部门岗位职责和岗位要求、部门人员构成等,制定相关部门岗位职责方案,明确岗位职责,做到人岗相适。

④ 结合外部形势、内部发展战略变化，及时对内设机构运行情况进行评估。依据评估结果，按程序新增、调整或撤销相关内设机构。

⑤ 按机构编制部门、财政部门、审计或其他相关部门要求，不定期对单位编制情况、人员配备、人员职级职数等情况开展检查或监督，发现问题及时进行整改。

⑥ 设立内部控制职能部门或牵头部门。内部控制牵头部门可设立在财务部门或专门的内部控制部门。明确内部控制职能部门或牵头部门在内部控制工作中的具体职责，确保当前和未来很长一段时间内部控制工作的稳定性和延续性。

6.2 议事决策控制

6.2.1 案例分析

案例名称： 未履行"三重一大"程序——某街道办事处擅自改变学习考察路线违规公款旅游问题

2016年9月21日至10月24日，某街道办事处组织机关及社区工作人员先后两批次赴青岛、赤峰学习考察。期间两次考察学习均未严格执行外出考察学习计划，擅自增加线路和地点，组织考察人员去旅游景点和风景名胜区公款旅游。该外出考察学习行为的审批和报备手续、公款支付相关旅游费用等事宜均未经领导班子集体研究。

2019年1月21日，经某市纪委常委会、监委委员会会议讨论决定，给予某街道党工委书记王某党内严重警告处分，给予某街道党工委副书记、办事处主任李某党内严重警告、政务记过处分，给予某街道党工委委员、纪工委书记哈某党内严重警告处分，给予原某街道党工委副书记巴某党内警告处分，给予某街道办事处办公室主任赵某政务警告处分。涉及公款旅游费用共计38820.00元已追缴。

案例分析： 违反了组织纪律和单位的"三重一大"事项议事决策规则，同时也违反了《中共中央纪委关于制止以革命传统和爱国主义教育为名组织公款旅游的通知》的相关要求。

6.2.2 议事决策机制的定义及基本流程

（1）议事决策机制的定义

2016年中共中央印发的《中国共产党地方委员会工作条例》对地方党委常委会会议议事决策机制做了明确规定，要求议事决策应当坚持集体领导、民主集中、个别酝酿、会议决定，实行科学决策、民主决策、依法决策，同时对议事决策的流程做了详细规定。

科研事业单位承担着科学研究、服务决策咨询等职责。要履行职责，科研事业单位的党组织和行政班子就需要作出决策，保障各项工作顺利开展。议事决策机制是科研事业单位重要的内控制度。如何深入贯彻落实民主集中制，建立完善的议事决策机制，提升议事决策的科学化、民主化和法制化水平，是每一个科研事业单位首先需要考虑的事情。

（2）议事决策的基本流程（见图6-2）

图6-2　科研事业单位议事决策基本流程图

6.2.3 控制目标

《内控规范》中对决策机制的控制，要求如下：

第十四条　单位应当建立健全集体研究、专家论证和技术咨询相结合的议事决策机制。

重大经济事项的内部决策，应当由单位领导班子集体研究决定。重大经济事项的认定标准应当根据有关规定和本单位实际情况确定，一经确定，不得随意变更。

6.2.4 可能存在的风险

科研事业单位议事决策可能存在的风险示例如表6-3所示。

表6-3 科研事业单位议事决策可能存在的风险示例

序号	具体事项	可能存在的风险点
1	未制定议事决策机制或决策机制不规范	个人凌驾于组织之上，随意决策
2	制定了决策议事机制，但落实不到位	执行时打折扣，未能完全体现集体决策要求
3	制定了决策议事机制，但未完全执行	议事决策程序未完全执行，或随意更改程序；监督机制未执行，决策事项未完全落地；问责机制未执行，决策随意
4	决策程序设置不当	决策过程中出现舞弊或腐败现象
5	未制定决策事项范围	集体决策有漏项，重要事项可能未集体决策而执行
6	未制定议事决策清单	分工不明确，造成越权决策或不当决策
7	未对决策事项跟踪检查	"三重一大"等决策事项未能落实落地
8	未建立决策责任追究机制	随意决策，造成不必要损失

6.2.5 控制措施

① 制定"三重一大"事项集体决策制度实施意见或管理办法。明确"三重一大"决策工作总体要求、事项范围、决策程序、监督检查机制、责任追究等事项。

② 明确"三重一大"事项范围。重大决策应包括落实党和国家路线方针政策、科研事业单位重大发展战略规划、内部机构设置、调整、人员调整等事项；重要干部人事任免应包括按干部管理权限，开展干部的任免工作等；重大项目包括承担的国家级和市级财政科研资金项目、科研事业单位确定的重大项目等；大额度资金使用事项。首先应依据科研事业单位实际，确定大额资金的支出范围，如大额资金支出标准为20万元。一旦标准确定后，不得随意更改变更。变更也需要集体决策。大额资金支出包括科研事业单位预决算编制，单笔20万元以上支出，房屋、设备、车辆以及20万元（账面原值）以上固定资产的购置、处置等；20万元以上的对外捐赠、赞助、投融资等。必要时，大额资金支出应接受上级部门的监管。

③ 明确决策程序。包括相关部门提出决策建议（必要时，在提出决策建议之前，应组织公众参与或专家论证，或开展风险评估之后再提出决策建议）、办公室等部门组织合规合法性审议、决定以党组织会议或行政会议方式进行集体决策等环节。

④ 严谨开展集体决策。一般应2/3以上决策人员到会时，方可开展决策；主要领导或会议主持人应当最后一个发表结论性意见；当意见经讨论无法达成一致时，对比较紧急的重大事项，主要领导有权作出决定，但要陈述理由；对不紧急的重大事项，应当暂缓决定，经进一步论证与沟通后再集体讨论决定。

⑤ 对决策决定执行情况进行监督检查。可由内部审计部门或纪检监察部门定期对"三重一大"决策情况进行监督检查。对检查中发现的问题，应要求相关执行部门即时改正。

⑥ 决策责任追究。明确追究责任的情景（如个人擅自决定决策事项，以文件传阅等方式代替集体决策环节等），明确追究责任方式（如批评教育、书面检查、通报批评、党纪处分、司法介入等）。

6.3 关键岗位控制

6.3.1 案例分析

案例名称： 出纳和会计岗位不相容岗位未分离，某单位出纳贪污720.05万元

某单位出纳王某通过伪造假的银行对账单，模仿单位领导签字，用现金支票把49.4万元公款提现到了自己的账户；然后她发现根本不用这么"复杂"，因为她所在的单位没有会计只有出纳，而且日常财务监管严重缺失，复审复核也是敷衍了事。于是，她干脆直接伪造了单位有关人员的医疗报销费用申请，从单位账户一次性给自己转账670.65万元。一年零三个月的时间内，王某轻轻松松贪了720.05万元，整个单位对她的违法犯罪行为毫无察觉。有了钱之后，王某不停地逛，不停地买，根本不考虑价格，用的东西大都是奢侈品牌，其中一件衣服价值6.4万元，一个包超过20万元。买完东西，王某就拍照发朋友圈炫耀。特别是王某还喜欢玩网游，仅网络游戏一项，投入的钱就多达70余万元。案发后在最后追查赃物时，王某买的700多万奢侈品，堆满她不到10平方米的房间。

案例分析：对科研事业单位而言，不得由一人办理货币资金业务的全过程。出纳不得兼任会计，不得兼管稽核、会计档案保管和收入、费用、债权债务账目的登记工作。不得从事会计档案保管、收入、支出、费用的登记工作。该案例正是因为单位未设定会计、出纳不相容关键岗位分离制度，且对资金的支出无审核流程，才导致出纳贪污的情况发生。

6.3.2 关键岗位

对科研事业单位而言，哪些岗位是关键岗位？

《内控规范》明确，内部控制关键岗位主要包括预算业务管理、收支业务管理、政府采购业务管理、资产管理、建设项目管理、合同管理以及内部监督等经济活动的关键岗位。

6.3.3 控制目标

《内控规范》中对关键岗位控制要求如下：

单位应当建立健全内部控制关键岗位责任制，明确岗位职责及分工，确保不相容岗位相互分离、相互制约和相互监督。单位应当实行内部控制关键岗位工作人员的轮岗制度，明确轮岗周期。不具备轮岗条件的单位应当采取专项审计等控制措施。

6.3.4 可能存在的风险

科研事业单位关键岗位可能存在的风险示例如表6-4所示。

表6-4 科研事业单位关键岗位可能存在的风险示例

序号	具体事项	可能存在的风险点
1	未明确哪些是关键岗位	关键人员的关键作用未得到充分发挥
2	未明确关键岗位职责	关键岗位人员不知道职责边界，履职不到位或有漏项
3	关键不相容岗位未分离	一人承揽全部业务，导致腐败或贪污
4	对关键岗位缺乏有效考核	无法起到监督、检查、激励和约束作用
5	未建立轮岗制度或有制度而未轮岗	无法及时发现隐患，或有隐患不能及时补救；员工失去对岗位的新鲜感，工作积极性降低，被动工作，推诿扯皮现象发生，工作效率下降

6.3.5 控制措施

① 确定关键岗位。结合科研事业单位实际,识别预算、收支、政府采购、合同管理、建设项目管理、资产管理中的关键岗位,明确关键岗位职责并以文件等方式确定。

② 设置关键岗位。结合科研事业单位内设机构实际,梳理业务流程,在财务、政府采购管理等部门设置关键岗位,确保不相容岗位互相分离、相互制约和相互监督。

③ 管理关键岗位。制定关键岗位管理办法,按照关键岗位职责,定期组织考核、轮岗或实行动态监督。

6.4 关键人员控制

6.4.1 案例分析

案例名称: 贪污挪用过千万,财务科长入囹圄

审计人员在审计A公司时,发现A公司注册资金只有50万元,没有主要经营业务,改制前已负债累累,居然从银行获取了150万元的贷款。审计人员到有关银行和工商开发服务中心调查后,才弄清了贷款的来龙去脉。

原来,A公司经理姚某的同窗好友——夏某,是工商开发服务中心财务科科长,既任财务主管,又兼任总账会计,单位公章、法人印鉴章和财务专用章都有夏某统管。夏某私自从单位基本账户中转出150万元至某银行,存为定期存款。以质押的方式为A公司提供担保,并以银行吸储的名义,让单位会计不要记账。后A公司逾期不能还贷,致使150万元存单被银行扣掉。夏某所挪用的150万元不是个小数,这个"洞"他又是如何神不知鬼不觉补上的呢?审计局意识到夏某的问题才露出冰山一角,更大的问题还藏在水下。于是审计局立即将此案线索向相关部门作了移交。后经查明,夏某任职七年间作案近百起,其中挪用公款816.5万元,用于个人炒股、购买土地、做电梯生意等,个人从中盈利300余万元。贪污公款215.4万元,滥用职权,违规担保650万元,涉案总额达1692万元。夏某犯贪污罪、挪用公款罪、滥用职权罪被判处有期徒刑19

年，并处没收财产10万元。

案例分析：该案件既有管理监督上的漏洞，财务会计人员、出纳人员未进行不相容岗位分离，同时夏某也缺乏相应的财务职业道德、法律意识不强，对纪律规矩缺乏敬畏心，也缺乏相应的敬业精神。

6.4.2 关键人员

关键人员是指在科研事业单位关键岗位从事相关工作的人员。主要指在预算业务管理、收支业务管理、政府采购业务管理、资产管理、建设项目管理、合同管理以及内部监督等经济活动的关键岗位从事相关工作的人员。

6.4.3 控制目标

《行政事业单位内部控制规范》中对关键岗位控制要求如下：

第十六条　内部控制关键岗位工作人员应当具备与其工作岗位相适应的资格和能力。

单位应当加强内部控制关键岗位工作人员业务培训和职业道德教育，不断提升其业务水平和综合素质。

6.4.4 可能存在的风险

科研事业单位关键岗位可能存在的风险示例如表6-5所示。

表6-5　某科研事业单位关键岗位可能存在的风险示例

序号	具体事项	可能存在的风险点
1	关键岗位人员与关键岗位能力要求不匹配	无法胜任岗位，不能高标准完成相关工作
2	关键岗位人员业务能力存在短板	关键业务出现差错，给单位造成隐患或损失
3	关键岗位人员缺乏职业道德，对纪律规矩缺乏敬畏心	在外部监管不力或监管制度缺失情况下，容易造成贪污或腐败
4	未建立培训机制，对关键人员定期培训不够	关键人员未更新相关知识体系，按惯性思维处理问题，给单位造成损失
5	未建立关键岗位人员考核、激励和监督机制	员工失去对岗位的新鲜感，工作积极性降低，被动工作，推诿扯皮现象发生，工作效率下降；关键岗位人员的不称职行为不能及时发现，造成隐患

6.4.5 控制措施

（1）严格关键人员选拔、奖惩与考核

结合科研事业单位实际，制定关键岗位人员选聘计划等，明确关键岗位人员选拔标准，通过公开招考、竞聘上岗等方式，选取相关人员；结合科研事业单位实际，制定关键岗位人员绩效考核方案，明确对关键岗位人员的考核标准和奖惩要求。

（2）加强关键岗位人员继续教育

一是按照关键岗位要求，开展外部制度或上位文件学习。如财务等关键岗位人员，应加强对《中华人民共和国会计法》《中华人民共和国预算法》及其相关实施细则的学习；学习政府会计制度、事业单位财务规则、国库资金支付等要求；政府采购等关键岗位人员，应学习《中华人民共和国采购法》《中华人民共和国招标法》以及动态调整的政府采购集中采购目录和采购限额标准要求等；学习政府购买服务等文件要求；资产管理等关键岗位人员，应学习《行政事业单位国有资产管理条例》等文件，学习资产购入、管理、投资、处置、捐赠等相关要求，管好国有资产；建设项目管理等关键岗位人员，应学习《中华人民共和国建筑法》《中华人民共和国招投标法》《中华人民共和国采购法》等文件要求，了解建设项目招投标、施工、工程监理、安全生产、质量管理等相关要求；合同管理等关键岗位人员，应学习《中华人民共和国民法典》中关于合同订立相关要求，明确合同订立、合同履行、合同变更、终止、违约等相关要求；内部监督关键岗位人员，应学习《中华人民共和国审计法》及内部审计、纪检监察相关要求，做好监督工作。

二是按照关键岗位要求，定期对科研事业单位内部制度进行学习。关键岗位上的人员，仅仅知道单位的某几个或某部分制度是远远不够的。如作为收支管理关键岗位人员，面对业务部门提交上来的资金支付要求，需要了解有无预算，是否为政府采购业务，支付金额是否达到大额资金支付标准，相关责任人是否审核，是否有合同约定的付款节点等。在完成支付后，需要依据实际情况，及时通知下游部门做好资产管理、项目管理或者在建工程转固等工作。关键岗位的关键人员，必须熟悉单位全部内部制度，才能做出正确的判断或操作。

（3）加强职业道德教育

定期组织财务岗位等关键岗位人员开展诚信教育，推动关键岗位人员坚守诚信操守底线，提升职业道德素养；开展法治教育，筑牢法律法规红线，依法依规开展财务工作。同时结合身边典型案例开展警示教育，强化纪规意识。

6.5 会计系统控制

6.5.1 案例分析

案例名称： 兼职会计不熟悉单位具体业务，导致财务工作失去控制

A科研事业单位人数较少，单位领导赵某通过熟人推荐，找到了曹某负责单位的财务工作。因为人少，所以曹某就兼任会计和出纳。曹某每月来A单位2次，只是按要求从事简单的记账、报销等工作，对A单位业务并不十分了解。同时曹某也没有从加强单位内部控制角度，在报销或大额资金先行垫付时，要求A单位提供"三重一大"会议决策纪要等，导致A单位多笔大额支出无集体决策，支出任凭单位领导赵某"一支笔"随意支出；因业务开展需要，A单位为多家公司、事业单位代垫了数十笔款项。曹某认为都是A单位借出的钱，跟自己没什么关系，因此未在每年催缴收回代垫款项，也未向A单位领导赵某汇报相关情况。A单位领导赵某认为财务工作由曹某负责，很少过问财务工作，将主要精力放在科研方面。3年后，赵某从A单位离任，相关会计师事务所对赵某进行离任审计，发现存在大额支出无"三重一大"会议决策纪要、数笔应收款无法收回、资产账实不符等问题，给A科研事业单位国有资产管理造成巨大损失。赵某受到相应处分，曹某被辞退。

案例分析： A科研事业单位未设立财务部门，未明确财务部门职责，自然也就对财务人员的行为无任何约束，失去了会计系统控制；赵某通过熟人推荐曹某兼任会计和出纳，无聘任合同，未对曹某的工作内容和工作标准做进一步要求，所以才导致A科研事业单位财务管理失去控制。

6.5.2 会计系统

会计系统是为确认、汇总、分析、分类、记录和报告单位发生的经济业务,并保持相关资产或负债的受托责任而建立的各种会计记录手段、会计政策、会计核算程序、会计报告制度等管理制度的总称。会计系统控制是对会计系统实施的,以确保财务报告的真实性和可靠性为主要目标的控制活动。

6.5.3 控制目标

《内控规范》中对会计系统控制要求如下:

第十七条　单位应当根据《中华人民共和国会计法》的规定建立会计机构,配备具有相应资格和能力的会计人员。

单位应当根据实际发生的经济业务事项按照国家统一的会计制度及时进行账务处理、编制财务会计报告,确保财务信息真实、完整。

6.5.4 可能存在的风险

科研事业单位会计系统控制方面可能存在的风险示例如表6-6所示。

表6-6　某科研事业单位会计系统控制方面可能存在的风险示例

序号	具体事项	可能存在的风险点
1	未设立会计机构(部门),外聘兼职财务人员	对兼职财务人员要求不到位,或受兼职财务人员业务水平、职业道德影响,财务工作失去控制,不能更好服务于业务工作
2	已设立会计机构,但配备的会计人员不具备相应资格和能力,专业素质不够	不能及时预判财务工作中的风险,较难推动相关工作,给单位造成隐患和损失; 容易引发舞弊和腐败行为,资金管理受到影响
3	会计工作不相容岗位未分离	出纳未据实登记经济业务,会计未审核出纳填写的凭证,或者审核标准出现偏差,导致单位会计处理不符合《中华人民共和国会计法》等要求,产生违规风险
4	会计制度不健全,或随意设置和调整会计科目	会计信息真实性较差,不能与外部审计部门等共享数据
5	业务部门、财务部门融合不够	财务人员不了解业务,无法在业务开展过程中对资金资产等进行控制

6.5.5 控制措施

（1）按要求设置会计机构并配备会计人员

按照《中华人民共和国会计法》等要求，结合科研事业单位实际，设置会计机构，明确机构职责。不具备单独设置会计机构的科研事业单位，也可在综合部门（如办公室等）设置会计小组；按照关键岗位人员选聘要求，结合财务不相容岗位，合理配合会计人员，落实岗位责任制，明确人员岗位职责、奖惩机制等。如需外聘会计人员，也应在合同中明确外聘人员的工作内容、工作要求和相应的奖惩机制等。

（2）制定财务管理制度，规范财务工作

结合单位实际，制定财务管理制度。明确单位财务管理工作的管理体制、主要任务（如科学合理编制预算，统筹安排、节约使用各项资金；做好会计核算工作，实现会计核算的准确、及时和完整；定期编制财务报告，如实反映预算执行情况，进行财务活动分析；建立、健全预算管理、收支管理、资产管理和政府采购管理等财务制度，对财务活动进行内部控制，重点监控"三公"经费支出；规范政府采购管理；加强国有资产管理，发挥资产的最大使用效益；年末按要求编制决算，真实、准确、完整反映单位当年财务收支情况等）；明确对财务人员的基本要求、工作职责、继续教育、工作交接、不相容岗位分离、财务安全、财务档案管理使用、财务监督等具体要求。

（3）加强财务和业务工作深度融合

建立财务部门、业务部门深度参与的预算编制、预算执行、预算调整、预算分析和预算考核的全方位预算管理体系。优化资产资源配置，加快业财融合；建立财务数字化管理平台，加强内部控制体系财务管理流程再造，统一业务与财务数据标准，加强财务信息与业务信息全面融合，提升数据质量，消除信息和数据"孤岛"，实现信息化环境下内部控制风险的迅速识别、准确评估和及时控制，实现内部控制全流程管控；打通与业务部门边界，结合业务部门在业务开展、对外交流、报销结算、政府采购、资产使用等环节中的难点堵点，完善相关制度，制定可行措施。发挥财务、业务"1+1＞2"作用，推动财务活动与业务活动全面融合，推动财务事后监督向事前、事中监督转变。

6.6 信息系统控制

6.6.1 案例分析

案例名称： 某员工私自转让用户登录权限给朋友，致使30余万条医生数据泄露

2016年8月，卢某成立了某投资公司主营贷款业务，帮需要贷款的客户寻找合适的银行或金融公司。卢某称："我们就是做贷款中介业务，所以说客户资料对我公司来说是非常重要的，我们会想办法获取客户的资料。"2016年9月，卢某找上了任某企业管理咨询公司移动医疗顾问的武某。卢某提出公司业务不好，问武某能不能把医生信息给他。第一次武某没同意，因为公司有保密规定。但后来出于朋友情面，武某将公司某应用系统的工作权限给了卢某。通过其手机二维码可进入系统，内有大量医生信息。

卢某获得权限后，卢某找来"计算机技术很好"的大学舍友温某，卢某指使温某利用该权限通过计算机技术进入应用系统后台，盗取系统内的医生信息。截至2016年10月11日，被告人卢某、温某等人共窃取系统内的信息共计352962条。一条完整的医生信息包括姓名、手机号码、医院名称、职务及属地等。庆幸的是，被抓获时，温某尚未把爬取到的医生信息交给卢某。

案例分析： 该案例卢某和温某的违法情况，自然由警方处理。某企业管理咨询公司移动医疗顾问武某擅自将公司系统登录权限交由别人，一方面暴露单位对武某的保密教育不到位，另一方面也反映出单位信息安全工作存在漏洞。35万多条信息被泄露，数据信息安全系统未进行任何安全警示或提醒。

6.6.2 信息系统

科研事业单位为了完成相关数据（业务或财务）搜集、整理、处理、输出、使用，借助于计算机和大数据、人工智能、移动互联、云计算、物联网、区块链等新一代信息技术建立的系统，称为信息系统。如有的科研事业单位为了提升会计核算、移动支付等效率，建立了会计信息化系统；为了便于合同管理和使用，建立了合同信息化系统；为了优化科研项目管理，建立了科研项目信息化系统；为了便于资产管理、盘点等，建立了资产管理信息化系统。所有

这些独立的信息系统，构成了单位的信息系统。信息控制分为两种类型，即一般控制和应用控制。一般控制是确保科研事业单位信息系统正常运行的制度和工作程序，主要目标是保护数据和应用程序安全。如信息系统的开发、运营、维护、安全防范等，是整个科研事业单位信息系统的基础性控制。应用控制是针对科研事业单位信息控制系统中某一个系统，如合同管理信息系统的具体要求，如合同数据输入、处理和导出等环节的控制等。

6.6.3 控制目标

《内控规范》中对会计系统控制要求如下：

第十八条 单位应当充分运用现代科学技术手段加强内部控制。对信息系统建设实施归口管理，将经济活动及其内部控制流程嵌入单位信息系统中，减少或消除人为操纵因素，保护信息安全。

6.6.4 可能存在的风险

科研事业单位信息化系统建设方面可能存在的风险示例见表6-7。

表6-7 科研事业单位信息化系统建设方面可能存在的风险示例

序号	具体事项	可能存在的风险点
1	信息系统建设无长远规划	随意开发。例如急需会计信息系统就先开发信息系统，不考虑与合同管理、项目管理等其他系统的衔接，形成信息孤岛。随着业务发展需要增加合同管理或项目管理系统，导致二次开发成本增加或重复建设，浪费资源
2	未明确信息系统建设或归口管理部门	例如会计信息系统由财务维护，资产信息系统由资产管理部门维护，系统运行维护标准不一。出现问题时，因多头管理不能及时解决，造成损失
3	不重视信息系统安全控制	遭受恶意攻击，引发数据泄漏风险
4	未建立信息反馈机制	工作中出现问题，不清楚向哪个部门或哪个岗位进行信息反馈，问题无法及时解决，业务无法正常开展
5	信息输入、输出无标准、不准确或不及时	输出结果有误，造成非必要损失
6	系统输入、输出的信息被非法截留或篡改	信息被泄漏或被用于单位未授权的用户，给单位造成损失

6.6.5 控制措施

（1）制定单位全面的信息系统建设规划

结合科研事业单位业务现状及未来发展规划，到同类型科研事业单位开展调研，明确单位未来5年或更长远的信息系统建设规划。结合单位财务预决算、会计核算、政府采购、项目管理、资产管理、工资管理及人员信息管理等实际业务需求，明确单位信息化重点系统建设内容。明确财务信息化建设所需的周期、资金以及人员配备、软硬件环境等条件。必要时应结合信息系统建设规划，制定信息系统建设实施方案，明确系统架构、重点任务、建设计划、责任分工、进度安排和保障措施，确保各项工作落实落细。

（2）明确单位信息系统建设管理部门

按照单位内部岗位设置要求，设置信息系统建设管理部门，明确信息系统建设管理部门在信息化系统运营、安全控制、信息系统应用、维护和控制等方面职责；通过公开招聘等方式，配备与信息系统建设需要相匹配的人员，做到人岗相适。

（3）统一数据输入、输出标准

研究建立数据输入、输出标准化体系，降低因人为因素导致的数据输入、输出错误。在信息系统中增加数据自动比对、校验或纠错功能，保证数据输出准确、完整和统一。加强信息系统用户管理，赋予不同级别用户不同的使用权限，系统记载用户的操作或使用路径。

（4）定期维护信息系统安全

可结合科研事业单位网络运行、安全保密、信息系统维护、信息化资产管理等工作实际，建立信息系统安全维护小组。重点围绕网络安全（如光纤通信线路、网络布线和路由器、交换机等网络互联设备安全）、系统安全（如各种应用系统的服务器、软件运行环境以及系统数据的安全）、信息安全（网络信息服务方式发布的各种信息中的具体内容等）等工作，明确小组成员职责，如研究部署信息系统安全工作重要决策、重大事项和关键问题、建立应急突发信息安全机制，处理突发信息安全事件等，为网络安全和信息化运维提供人员和条件保障；监督落实信息系统安全相关规章制度等。

第 7 章

启动业务层面内部控制建设

单位层面内部控制建设是业务层面内部控制建设的基础，为业务发展提供了较好的环境。换句话说，如果没有对单位层面"组织机构""议事决策""关键岗位""关键人员""会计系统"和"信息系统"的控制，各项业务是很难开展的。在完成科研事业单位层面内部控制建设后，开始启动与经济活动紧密相关的预算控制、收支控制、政府采购控制、资产控制、建设项目控制和合同控制建设。

很多科研事业单位的业务层面内部控制体系建设由财务部门牵头。在落实到内部控制建设业务层面具体工作时，一些财务部门并不确定从哪里入手。有的单位为了显示对内部控制体系建设的高度重视，将内部控制建设工作全权委托第三方机构开展，但是对内部控制体系建设不提具体要求，只要求最后的交付物是《内部控制制度汇编》和《内部控制手册》文本就行，是否符合本单位实际没有人去认真审核；还有的单位，对内部控制体系建设不够重视，既没有成立内部控制建设领导小组，也没有寻求第三方机构提供服务，而是让财务部门找一些制度，简单修修改改，最后成为自己单位的《内部控制制度汇编》和《内部控制手册》。这些内部控制制度和措施，是否能覆盖单位业务层面经济业务面临的主要风险，不得而知。

众所周知，对科研事业单位而言，内部控制体系建设关系到单位经济活动合法合规、资产安全和使用有效、财务信息真实完整，有效防范舞弊和预防腐败，提高公共服务的效率和效果等多个方面。如果说建设的内部控制体系无效，或者偏离了单位实际，那不如不控制。所以无论是聘请第三方机构、还是单位财务部门牵头负责开展内部控制体系建设，与第三方机构对接或牵头开展内部控制体系建设的部门及人员，对内部控制建设要建设什么、怎么建、要达到什么目标，一定要做到长远谋划，做到心中有数。

7.1 回归内部控制的本质

7.1.1 了解单位的内部控制目标

无论内部控制的内外部环境怎样变化，都不应忘记开展内部控制体系建设的"初心"是什么。《内控规范》提出"单位内部控制的目标主要包括：合理保证单位经济活动合法合规、资产安全和使用有效、财务信息真实完整，有效防范舞弊和预防腐败，提高公共服务的效率和效果。"这是一个宏观的、适用于全部科研事业单位的目标。

顺着这个思路，思考所在单位的内部控制有哪些具体的目标。例如从业务层面，如何保证预算能覆盖单位全部的收入和支出？如何保证所有的支出都有预算？如何保障单位货币资金和银行存款的安全？如何保障单位资产始终账实相符？如何保证单位资产不被随意处置？如何保证政府采购业务合理合规，应采尽采？如何保证不将应当由单位承担的工作，以政府购买服务的方式外包？如何保证涉密合同不被泄密？如何保证所签合同不存在欺诈条款？如何保证单位的在建项目不是豆腐渣工程？这些问题汇集起来，就是单位业务层面内部控制的目标。业务层面内部控制体系建设工作，就是通过系统梳理，尽可能找准、找全单位经济业务面临的风险，再采取措施，确保顺利达成目标。

7.1.2 单位能否实现内部控制目标

如果答案是能，那说明单位现有内部控制体系相对完善，不需要再制定新的制度、实施新的措施和执行新的程序来应对潜在的风险，来保证单位内部控制目标实现。

如果答案是不能，您应该已经意识到现有内部控制体系不能完全保证单位内部控制目标的实现，需要通过再制定新的制度、实施新的措施和执行新的程序，降低那些潜在风险变成现实的可能性，来保证单位内部控制目标实现。您已经通过一些现象，意识到了潜在的风险，或者说这些风险已经变成了事实。如每年某部门总是超预算支出，给单位运行带来较大负担；某些动辄几十万、几百万的支出，没有提供单位"三重一大"决策会议纪要就已支出；为某科研部门配备的试验设备三年前就丢了，资产管理部门一点都不知情；按照政府采购集中采购目录和集采限额标准，某部门召开的会议属于采购目录范围内，但该部门以不知道需要进行会议政采为理由，会议都开完了；单位与其他主体签的货物合同，还没收到货物，货物款已经全额预付了；某个建设项目完工之后，连竣工验收报告都没有，财务部门就已经全额付款了，如此等等。想到这些具体的、潜在的问题，可能您已经头冒冷汗了。没错，内部控制最重要的一项工作，就是要群策群力，集单位全体成员的智慧，全面梳理单位经济业务流程中潜在的风险点，对风险点进行准确识别。然后通过制定制度、实施措施和执行程序，把这些风险隐患降到最低，不让类似事情发生。

7.1.3 如何精准制定制度、实施措施和执行程序

在全面、准确查找风险点并进行风险评估后，可以启动制度制定工作。针对经济业务风险实施的措施和执行的程序，都应该在制度中精准体现。制度一定能对经济活动的重点风险、主要风险进行防范和管控，否则制定的制度没有任何意义。

一，应覆盖上位制度的要求，单位制定的制度不应与上位制度相冲突。

二，应结合单位实际，准确覆盖某些风险点。如为了降低无预算支出带来的风险，在制度中可明确支出事项按"先请示，再执行，后报销"原则进行。当然制度也可以规定例外事项，如对单位一些日常小额支出，如水、电、气、电话费等支出，也可授权某些部门直接支出，降低工作量。

三，应多参考同类科研事业单位的制度。风险点的排查毕竟不能做到100%准确，换角度参考同类科研事业单位的制度，也许能发现自己疏漏的风险点，再通过完善制度将漏洞堵上。

四，制定的制度应便于执行。内部控制制度不与单位其他制度重复或冲突，用语规范无歧义，执行流程清晰、相关部门责任明晰。

7.2 对内部控制建设形成全景认识

内部控制体系建设是一个庞大的系统工程，牵头部门有时很茫然，不知道从哪里下手，不知道做成什么样子才能达到基本要求。好在内部控制建设工作启动十多年来，有不少学者、内部控制建设的工作者都做了有益探索，积累了丰富的案例和研究成果。借鉴其成果，有助于我们理解并开展内部控制体系建设。

（1）学习内部控制经典案例

梳理所在单位财务、资产、合同管理等具体工作中的一些内部控制案例，或通过其他方式检索一些同类型单位的内部控制经典案例，组织参与内部控制工作的相关人员进行学习讨论。通过工作中、身边的经典内部控制案例，让参与内部控制工作的全体成员了解某项具体业务的控制目标是什么，采取哪些措

施可以避免，具体工作是做什么，做到什么程度。从熟悉的事情做起，更有助于内部控制工作的开展。

（2）学习内部控制体系建设工具书

如果开展内部控制体系建设时间紧任务重，可选择内部控制建设实务或操作指南一类的书籍。参考这些书籍的内容，结合单位实际，可启动内部控制建设工作。基于这些书籍的作者在内部控制体系建设和研究领域具有丰富的经验，所以参照他们公开出版的书籍，形成符合单位内部控制实际要求的《内部控制手册》和《内部控制制度汇编》，在形式上和内容上应该是符合要求的。作为内部控制体系建设部门，需要考虑如何借鉴作者的经验，把单位内部体系建设得更完备，更符合实际。

（3）学习内部控制相关理论

如果开展内部控制体系建设时间充足，在了解内部控制体系实务建设和经典案例基础上，可选择《内部控制学》等书籍进行深度学习。了解内部控制的基本理论体系、控制原理、控制环境、控制目标、控制原则、控制方法、控制活动、内部监督等内容。深度学习内部控制理论，知其然知其所以然，从根本上更有助于开展单位内部控制体系建设。

（4）组织开展内部控制建设培训

"工欲善其事，必先利其器"。内部控制建设牵头部门在组织学习内部控制经典案例、内部控制建设工具书和理论书籍的基础上，应聘请第三方机构、或者行业内已开展内部控制体系建设的单位开展培训。内部控制建设牵头部门必须"先行一步"，才能形成对内部控制体系建设的清晰认识，明确内部控制体系建设的重点内容，预判工作开展中的困难和阻力，推动内部控制体系建设工作顺利完成。

7.3 抓内部控制建设的主要和重点工作

（1）按四个原则开展内部控制体系建设

《内控规范》规定，单位建立与实施内部控制，应遵循全面性、重要性、制衡性和适应性四个原则。

第一,全面性既要覆盖单位全部的经济业务,又要覆盖经济活动从决策、执行到监督的全过程。内部控制建设牵头部门必须熟悉单位全部的经济业务,把经济活动所有涉及的流程都要全面梳理,区分经济活动的决策、执行和监督到底有哪些流程,有哪些重要环节和关键控制点,避免遗漏或重复。

第二,重要性是在全面性梳理"托底"的基础上,结合单位财力、物力和人力,针对重要环节和关键控制点进行内部控制。不是说一般的风险防范不重要,而是从成本等角度考虑,一些小的风险如果在单位可承受范围内,也可以不采取额外的控制。

第三,制衡性是一种相互制约,但仍然保持平衡的状态。没有制衡就没有监督,没有监督的内部控制很容易背离初衷。

第四,适应性,内部控制与单位实际相适应才是最好的。例如内部控制体系建设与单位实际情况相背离,如未经过调研,将大额资金支出标准设定为100万元,但单位一年超过100万的大额资金支出笔数寥寥无几,这就失去了对大额资金支出控制的意义;或者将大额资金支出标准设定得特别低,几乎每支出一笔钱都要让单位领导层进行"三重一大"集体决策,这也是一种资源浪费,事事都控制,反而失去控制的意义。

(2)形成统一规范的内部控制体系建设思路

在了解内部控制体系定义、控制重点内容和建设原则后,有必要梳理形成统一的思路,让内部控制体系建设部门按标准启动内部控制体系建设工作,再按要求交付建设成果。这样即使大家分工合作,如第一组负责预算业务和收支业务控制,第二组负责政府采购和资产管理,第三组负责建设项目和合同管理,因为思路和标准统一,最终交付的内部控制成果质量都是可控的。

第8章

预算业务控制

8.1 案例分析

案例名称： 某单位超预算支出公务接待费等逾390万元

2013年，审计署网站发布《中央部门单位2012年度预算执行情况和其他财政收支情况审计结果》，审计发现，某单位本级超预算支出公务接待费、公务用车运行费和会议费390.68万元，无预算或超预算支出出国费90.9万元，超标准列支会议费92.37万元、出国费9.21万元，虚列会议费支出7.92万元转至账外存放。审计发现的主要问题主要集中在两个方面：

一是预算执行中存在的主要问题。2011年和2012年，某单位本级及所属5家单位自行改变专项支出的内容，涉及预算资金967.77万元，其中2012年567.77万元。2012年，某单位本级采取以拨代支方式将项目预算641.4万元拨付相关单位，实际仅支出217.59万元，造成决算多计支出423.81万元。2012年，某单位本级及3家所属单位在6个项目中列支与项目无关的公用经费、工程改造费等支出共计613.39万元。2012年，某单位本级超预算支出公务接待费、公务用车运行费和会议费390.68万元，无预算或超预算支出出国费90.9万元，超标准列支会议费92.37万元、出国费9.21万元，虚列会议费支出7.92万元转至账外存放。2012年，某单位本级及4家所属单位政府采购和招投标管理不够规范，其中：单位本级无预算实施会议服务采购602.97万元，所属单位A无预算实施采购297.09万元、所属单位B无预算实施采购1500万元；所属单位C超预算采购79.54万元；某单位本级及所属单位D未在定点饭店召开会议，涉及金额169.74万元。此外，2010年，所属单位A未公开招标，直接与2家公司签订3年期的物业管理委托合同，金额共计514.15万元，其中2012年166.39万元。两家所属单位预算编报不够完整和真实。其中所属单位A和E在编制2012年预算时，未将所属经费自理单位纳入预算编制范围；2012年，所属单位E编报项目预算中，虚报库房租金282.88万元，并将获取的租金支付至某单位其他所属单位。2012年，所属单位A在两个项目预算中重复申报学生公寓的插座改造、房屋粉刷等内容70.12万元。2012年，某单位本级及所属单位未严格执行因公出国（境）活动中关于机票、护照等相关管理规定，涉及金额569.71万元。2012年，某单位所属3家单位未经批准在不同科目（项目）间调剂使用预算资金

277.28万元。

二是其他财政收支中存在的主要问题。截至2012年，某单位所属单位业务楼改扩建工程擅自增加建设面积9848平方米，超概算约1.26亿元；2012年，某单位所属单位违规动用应上缴国库的委本级拆迁款897.51万元用于自筹资金的基建项目；2011年和2012年，某单位所属某大学研究生学费收入488.67万元未上缴财政专户，其中2012年发生285.07万元。

案例分析：该案例中，某单位违反《国务院关于进一步深化预算管理制度改革的意见》（国发〔2021〕5号）规定，以拨代支；未进行预算调整，随意改变专项资金支出内容；未将所属经费自理单位纳入预算，预算编制不完整；对无预算支出的政府采购等项目，未及时做预算调整；超预算支出"三公经费"和会议费，未按相关程序进行项目间预算调剂等问题。虚增库房资金预算、公寓改造等内容。案例反映出某单位在预算管理、预算编制、预算执行、预算调整、决算编制等方面内部控制缺失，或未按内部控制制度执行有关程序。

8.2 预算业务内部控制建设路径

预算业务内部控制建设路径如图8-1所示。

第一，学习政策，涉及三个重点方向。一是学习《中华人民共和国预算法（2018年修订）》《中华人民共和国预算法实施条例（2020年修订）》《事业单位财务规则》（中华人民共和国财政部令第108号）等上位制度对预算控制的要求。二是学习科研事业单位所在省市或地区、主管部门对预算控制的要求。三是要掌握本单位对预算控制的要求。内部控制建设的适应性原则要求，适应单位实际的预算控制才是最好的。单位的预算控制不可能与上位制度"上下一般粗"，也不可与上位政策相抵触。

第二，梳理现状，涉及三个重点方向。一是梳理单位预算管理机制。是否设立预算委员会、预算管理机构、设置预算不相容岗位并配备相关人员等。二是逐一梳理预算编制、预算执行、预算调整、决算和绩效考核等预算管理环节，特别是梳理关键点的控制情况。三是梳理单位现行制度建设情况。如有无预算管理制度。如无制度，则应按内部控制要求尽快制定制度；如有制度，应梳理与上位制度的衔接情况,梳理是否与正在执行的制度有抵触的地方等。有的科研事业单位,预算制度与收支制度会有重合或控制标准不一致的地方,这些都应引起注意。

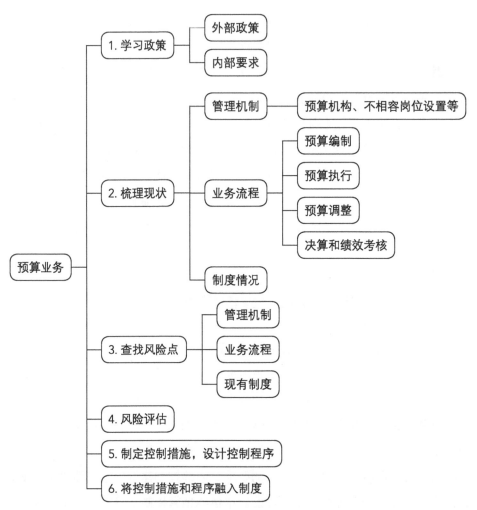

图8-1 科研事业单位预算业务内部控制建设路径

第三,查找风险点。结合政策学习和现状梳理情况,按照内部控制规范的重要性原则,特别要对预算业务的关键环节、关键点位查找可能存在的风险。如预算编制环节,能不能做到全部收支都纳入预算?如果不纳入预算,会有什么风险点?本着"谨小慎微"的原则,不要担心梳理的风险点过多。此环节只需梳理风险点,并形成风险清单。依据风险清单,哪些风险需要采取什么措施，是风险评估后才能决定的事情。

第四，风险评估。依据风险清单，由风险评估小组结合单位实际，进行风险评估。并依据风险评估的情况，提出切合实际的风险应对措施或控制程序建议。

第五，制定控制措施，设计控制程序。内部控制建设牵头部门依据风险评估结果，针对预算控制中某个流程的某个或某几个风险点，形成合理可行的风险应对措施或控制程序建议。例如针对预算支出执行环节的风险，可以通过增加支出前进行"事项请示"、赋予部门负责人、分管领导、分管财务领导、单位主要领导等不同金额审核权限等措施，降低无预算支出或大额支出可能存在的风险。

第六，制定制度。汇总第五步形成的全部控制措施或控制程序，分门别类从总则、预算管理职权、预算编制、预算审批、执行与调整、决算、绩效管理与监督、附则等方面，修订完善或新建制度。

8.3 预算业务控制概述

预算是所有经济业务开展的源头。无预算不支出，无预算也就谈不上经济业务的开展，预算控制也就无从谈起。对科研事业单位而言，运行或开展科研活动的主要资金来源于国家财政资金。国家财政资金最基本的管理方式就是预算控制管理。如果没有预算控制，科研事业单位随意支出导致超支。超支后再找财政追加预算，财政也无多余经费支付超支部分，将会陷入恶性循环。

8.3.1 国家层面预算要求

《中华人民共和国预算法》（2018年修订）明确，预算由预算收入和预算支出组成。政府的全部收入和支出都应当纳入预算。

（1）预算的级次

我国预算级次共分为5级：中央预算，地方（省、自治区、直辖市）预算，地级市（设区的市、自治州）预算，县市级（县、自治县、不设区的市、市辖区）预算，乡镇级（乡、民族乡、镇）预算。各级预算之间的关系：全国预算=中央预算+地方预算；地方预算=各省预算+自治区预算+直辖市预算；地方各级总预算=本级预算+汇总的下一级预算。

（2）预算的范围

一般公共预算。是对以税收为主体的财政收入，安排用于保障和改善民生、推动经济社会发展、维护国家安全、维持国家机构正常运转等方面的收支预算。

政府性基金预算。是对依照法律、行政法规的规定在一定期限内向特定对象征收、收取或者以其他方式筹集的资金，专项用于特定公共事业发展的收支预算。

国有资本经营预算。是对国有资本收益作出支出安排的收支预算。

社会保险基金预算。是对社会保险缴款、一般公共预算安排和其他方式筹集的资金，专项用于社会保险的收支预算。

（3）预算单位分类

一级预算单位。直接向同级财政部门申报预算、所需资金直接从同级财政拨付的单位。例如：A市某科研事业单位B，直接向A市财政局申报预算，定期向A市财政局汇总报送分月用款计划并提出财政直接支付申请，财政局直接将预算资金拨付给某科研事业单位，那么B科研事业单位就是A市一级预算单位。如果B科研事业单位下属还有B1、B2、B3等单位，B就是B1、B2、B3的主管预算单位。

二级预算单位。不直接向财政部门申报预算，而是向一级预算单位申报预算，所需资金从一类预算单位拨付的单位。还以上述案例为例，B1、B2、B3等单位都是科研事业单位B的二级预算单位。

基层预算单位。除了本级，再无下属单位的预算单位。例如上述B1、B2、B3单位如无下级所属预算单位，则B1、B2、B3可称为基层预算单位。

8.3.2 事业单位预算相关要求

2022年3月1日起施行的《事业单位财务规则》对事业单位预算收入及支出草案编制、预算编制及批复过程、预算执行、决算编制、绩效管理等进行了全面规定。例如：

（1）财政给科研事业单位的预算资金并非固定，可以为零

第八条规定，"定额或者定项补助根据国家有关政策和财力可能，结合事

业单位改革要求、事业特点、事业发展目标和计划、事业单位收支及资产状况等确定。定额或者定项补助可以为零"。同时还规定，"非财政补助收入大于支出较多的事业单位，可以实行收入上缴办法。具体办法由财政部门会同有关主管部门制定。"

这要求科研事业单位不能认为既然有财政资金的补助，就可以"躺平"。从近年来深化科研事业单位改革的趋势来看，科研事业单位势必要制定长远发展规划，提升科学研究、科学服务、科学咨询等核心竞争力，增强自我生存能力。同时，对自我生存能力较强的科研事业单位，如果其从社会上获得的收入较多，可以实行收入上缴办法。一则可以更加激励科研事业单位提升自我生存能力，不满足于之前成绩"沾沾自喜"。二则通过收入上缴等方式，财政也能将更多资金用在自我生存能力差、从事公益性科学研究的事业单位，实现良性循环。

（2）事业单位不得编制赤字预算

第九条规定，"事业单位参考以前年度预算执行情况，根据预算年度的收入增减因素和措施，以及以前年度结转和结余情况，测算编制收入预算草案；根据事业发展需要与财力可能，测算编制支出预算草案。""事业单位预算应当自求收支平衡，不得编制赤字预算。"

"赤字"指经济活动中支出多于收入的差额。这种差额在之前会计处理中用红色书写，所以称"赤字"。赤字与盈余相对。前文所述，科研事业单位经费来源主要是财政资金，如果科研事业单位没有从社会上获得资金的能力，那财政资金支持以外的业务就不能编制预算并执行预算，否则预算开展的工作就会半途而废或终止，带来更大的损失。不得编制赤字预算，这也是对预算进行事前控制的途径之一。

（3）实行"二上二下"的预算编审程序

第十条规定，事业单位应当根据国家宏观调控总体要求、年度事业发展目标和计划以及预算编制的规定，提出预算建议数，经主管部门审核汇总报财政部门（一级预算单位直接报财政部门，下同）。事业单位根据财政部门下达的预算控制数编制预算草案，由主管部门审核汇总报财政部门，经法定程序审核批复后执行。

预算的"一上":指基层预算单位结合本单位下一年度收支情况预测,编制本单位下一年度收支建议数,并报上级部门。上级主管部门再结合本部门实际情况,结合财政部门下达的预算编制要求,提出本部门下一年度预算的收支建议数,并报上级财政部门。"一上"完成。

预算的"一下":财政部门审核汇总各主管部门报送的预算收支建议数,再根据下一年财政收入测算数据,编制年度预算收支草案并报政府部门批准。随后将获得批准后的预算控制数下达到各主管部门,各主管部门将预算控制数下达各基层预算单位。"一下"完成。

预算的"二上":基层预算部门按照预算控制数编制预算草案并上报主管预算部门;主管预算部门汇总并编制预算草案上报财政部门。"二上"完成。

预算的"二下":财政部门收到各主管部门的预算草案后,汇总形成本级政府预算草案。经同级政府批准后向人民代表大会提交预算草案。预算草案经人民代表大会批准后,成为具有法律效力的预算。财政部门在规定时间内完成部门预算批复。主管部门在规定时间内完成所属单位的预算批复。"二下"完成。

(4)预算的执行

第十一条规定,事业单位应当严格执行批准的预算。预算执行中,国家对财政补助收入和财政专户管理资金的预算一般不予调剂,确需调剂的,由事业单位报主管部门审核后报财政部门调剂;其他资金确需调剂的,按照国家有关规定办理。

(5)决算与绩效管理

第十二条至十五条规定,事业单位决算是指事业单位预算收支和结余的年度执行结果;事业单位应当按照规定编制年度决算草案,由主管部门审核汇总后报财政部门审批。事业单位应当加强决算审核和分析,保证决算数据的真实、准确,规范决算管理工作。事业单位应当全面加强预算绩效管理,提高资金使用效益。

8.3.3 预算业务控制目标

按照《内控规范》对预算业务控制的要求,主要有表8-1所示控制目标。

表8-1 《内控规范》对预算业务的控制目标

序号	控制要素	具体要求
1	建立健全制度和机制	单位应当建立健全预算编制、审批、执行、决算与评价等预算内部管理制度； 单位应当合理设置岗位，明确相关岗位的职责权限，确保预算编制、审批、执行、评价等不相容岗位相互分离
2	预算编制	单位的预算编制应当做到程序规范、方法科学、编制及时、内容完整、项目细化、数据准确； 单位应当正确把握预算编制有关政策，确保预算编制相关人员及时全面掌握相关规定； 单位应当建立内部预算编制、预算执行、资产管理、基建管理、人事管理等部门或岗位的沟通协调机制，按照规定进行项目评审，确保预算编制部门及时取得和有效运用与预算编制相关的信息，根据工作计划细化预算编制，提高预算编制的科学性
3	预算下达、分解与调整	单位应当根据内设部门的职责和分工，对按照法定程序批复的预算在单位内部进行指标分解、审批下达，规范内部预算追加调整程序，发挥预算对经济活动的管控作用
4	预算执行	单位应当根据批复的预算安排各项收支，确保预算严格有效执行； 单位应当建立预算执行分析机制。定期通报各部门预算执行情况，召开预算执行分析会议，研究解决预算执行中存在的问题，提出改进措施，提高预算执行的有效性
5	决算管理	单位应当加强决算管理，确保决算真实、完整、准确、及时，加强决算分析工作，强化决算分析结果运用，建立健全单位预算与决算相互反映、相互促进的机制
6	预算绩效管理	单位应当加强预算绩效管理，建立"预算编制有目标、预算执行有监控、预算完成有评价、评价结果有反馈、反馈结果有应用"的全过程预算绩效管理机制

8.4 预算业务控制主要流程

科研事业单位预算管理包含预算编制、预算审批、预算执行、预算调整、决算和项目绩效评价等六个环节。对基层预算单位而言，其预算审批环节归属于主管预算部门，不在基层预算单位内部控制范围内。因此重点描述预算编制、预算执行、预算调整、决算和项目绩效评价等五个环节。

8.4.1 预算编制环节

预算编制与批复流程示意图如图8-2所示。以基层预算单位为例，流程图上的"○"表示关键控制环节，下同。

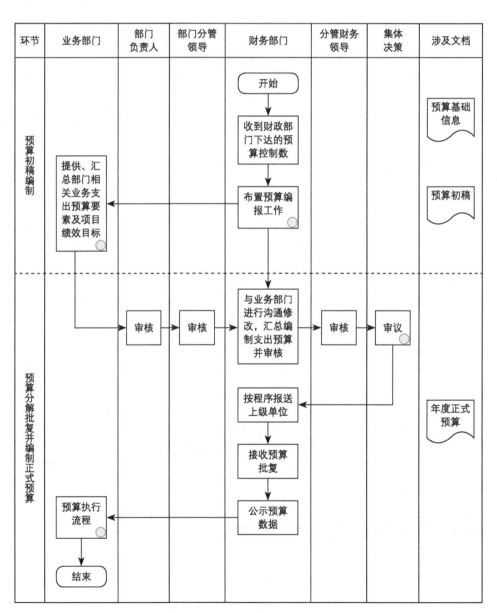

图8-2 科研事业单位预算编制与批复流程示意图

8.4.2 预算执行环节

预算执行流程示意图如图8-3所示。

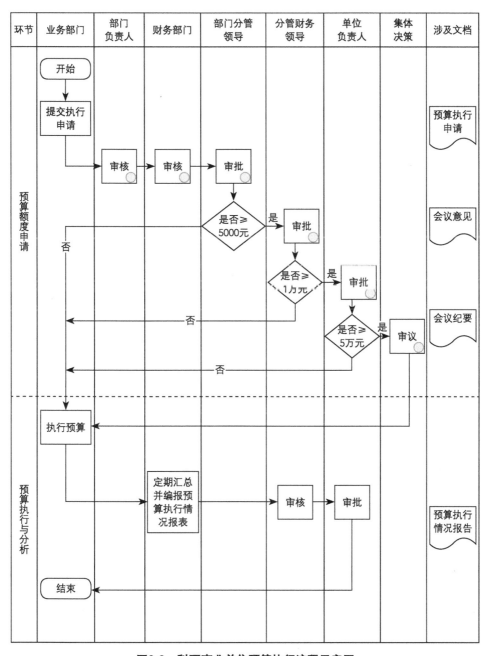

图8-3 科研事业单位预算执行流程示意图

8.4.3 预算调整环节

预算调整流程示意图如图8-4所示。

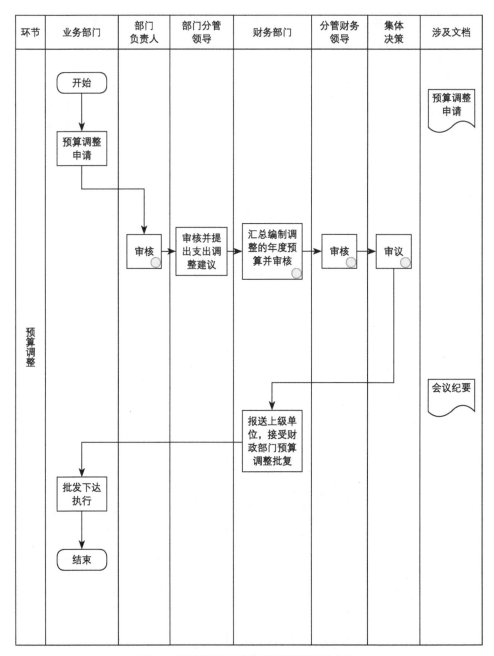

图8-4 科研事业单位预算调整流程示意图

8.4.4 决算环节

决算流程示意图如图8-5所示。

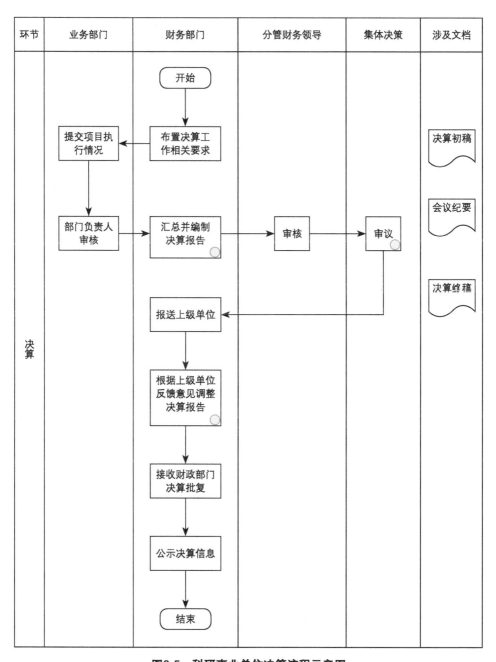

图8-5 科研事业单位决算流程示意图

8.4.5 项目绩效评价环节

项目绩效评价流程示意图如图8-6所示。

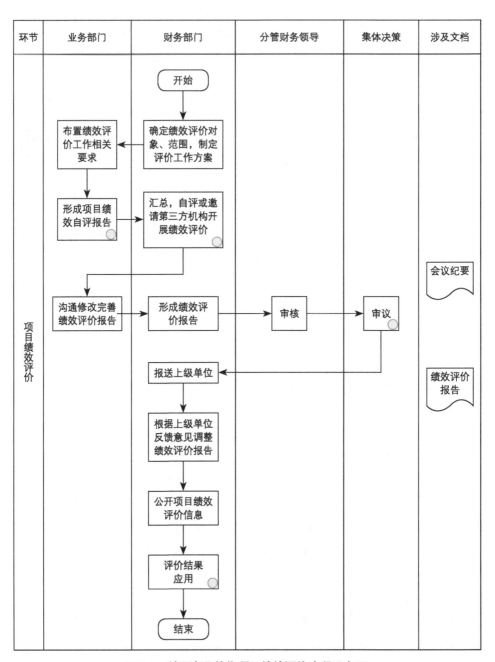

图8-6 科研事业单位项目绩效评价流程示意图

8.5 预算业务的主要风险点及控制措施

表8-2总结了在预算控制环节可能存在的风险点,并给出控制措施,供参考使用。

表8-2　科研事业单位预算业务的主要风险点及控制措施

序号	控制环节	可能存在的风险点	控制措施
1	预算管理	预算业务组织体系设置不科学,部门与岗位职责权限不合理,可能影响预算业务控制效果	建立健全预算内部管理制度; 合理设置预算管理岗位,明确岗位职责权限,确保不相容岗位相互分离
2	预算编制	预算编制不规范、不科学,不符合工作实际,影响预算执行效率效果	根据主管部门下达的预算控制数及各相关部门提供的基础信息编制预算; 加强预算编制、预算执行、资产管理、人事管理等部门间沟通协调; 预算提请"三重一大"会议审议,形成预算编制正式草案
3	预算执行	未严格按批复预算安排各项收支,资金收支随意性较大,可能导致预算执行与预算指标不符,影响预算执行	根据批复的预算安排各项收支,确保预算严格有效执行; 采取事前审批方式,在预算总额内提出预算指标申请和预算执行申请,经批准后方可支付相关款项
4	预算执行	预算执行情况分析缺失,可能导致预算执行情况得不到及时反馈和沟通,预算执行差异未及时发现,预算监督难以发挥作用	运用财务信息和其他相关资料对各相关部门预算执行情况进行跟踪; 定期通报预算执行情况; 定期进行预算执行分析,研究存在问题,提出改进措施
5	预算执行	预算执行过程中缺乏有效监督,可能导致预算执行不力,预算目标难以实现	对预算执行情况进行定期或不定期监督检查
6	预算调整	预算调整依据不充分、方案不合理、审批程序不严格,可能导致预算权威性和约束力不足	明确预算调整条件及调整程序; 严格审核预算并提出调整建议,按程序进行预算调整

续表

序号	控制环节	可能存在的风险点	控制措施
7	决算编制	决算过程缺乏有效监督，可能导致预算与决算差距增大、预算目标难以实现	对决算编制情况进行监督检查
8	绩效评价	预算绩效管理机制不完善，导致绩效目标制定脱离实际，绩效监控不到位，绩效评价方法不科学，评价结果流于形式	结合实际，细化、量化绩效目标；选择科学合理、客观公正的评价标准和评价方法；评价结果作为改进预算管理的重要依据

8.6 预算业务内部控制主要依据

① 《中华人民共和国预算法》（2018年修订）。

② 《中华人民共和国预算法实施条例》（2020年修订）。

③ 《国务院关于进一步深化预算管理制度改革的意见》（国发〔2021〕5号）。

④ 《事业单位财务规则》（中华人民共和国财政部令第108号）（2022年3月1日施行）。

⑤ 财政部、人民银行《关于印发〈中央财政预算管理一体化资金支付管理办法〉（试行）的通知》（财库〔2022〕5号）。

⑥ 科研事业单位所在地区对预算业务控制的相关政策要求等。

8.7 预算授权审批权限及不相容岗位分离表

（1）授权审批权限（见表8-3）

表8-3 科研事业单位预算授权审批权限表示例

权限\事项	审批人	各相关部门	部门负责人	财务部门	部门分管领导	分管财务领导	单位负责人	"三重一大"审议
预算编制	预算初稿	汇总	审核	分解、汇编、审核	—	审核	—	审议

续表

权限\事项	审批人	各相关部门	部门负责人	财务部门	部门分管领导	分管财务领导	单位负责人	"三重一大"审议
预算执行与分析	预算执行流程	申请	审核	审核	审核	审核	审批	审议
预算执行与分析	预算分析流程	—	—	编制	—	审核	审批	—
预算调整	预算调整	申请	审核	审核	审核	审核	审批	审议
决算与绩效评价	决算报表	—	—	编制	—	审核	审批	审议
决算与绩效评价	绩效评价	自我评价	审核	汇总评价	—	审核	审批	—

（2）不相容岗位分离建议表（见表8-4）

表8-4 科研事业单位预算审批及不相容岗位分离示例

业务环节	业务职能	预算编制	预算审核	预算调整申请	预算调整审核	预算执行	预算评价	预算考核
预算编制	预算编制		×	×		×	×	×
预算编制	预算审核			×				
预算调整	预算调整申请					×	×	×
预算调整	预算调整审核					×		
预算执行、评价与考核	预算执行						×	×
预算执行、评价与考核	预算评价							×
预算执行、评价与考核	预算考核							

注："×"表示不相容职责，全部填充的岗位和由"×"填充的岗位不能由同一人担任，对角线填充为与其他填充区分，以下同。

8.8 需要关注的问题

（1）重视全面预算管理

《中华人民共和国预算法》（2014年修正）第四条明确规定，"预算由预算收入和预算支出组成。政府的全部收入和支出都应当纳入预算。"实行全口径预算管理是预算法的一大亮点。20世纪90年代，财政部制定了《预算外资金管理实施办法》，明确了事业单位预算外资金的范围等。按照修改后的《中华人民共和国预算法》，事业单位所有资金必须纳入预算编制，这项规定对科研事业单位建立健全全面预算管理体系至关重要。在单位内部控制过程中，虽然业务层面有预算业务控制、收支业务控制等六方面的内部控制，但全面预算业务控制是唯一串联收支业务控制、政府采购业务控制、资产控制、建设项目控制、合同控制的业务环节。全面预算业务控制得好，能降低单位经济活动相当一部分风险。单位应高度重视预算业务控制，在预算业务控制方面多下功夫。

因此，单位在进行预算控制时，无论是制定预算管理办法，还是梳理预算流程，一定要全面考虑预算编制、预算执行、预算调整、预算分析和预算考核各环节之间的衔接关系，确保能发挥预算编制的事前控制、预算执行和调整的事中控制、预算分析考核的事后控制作用。

（2）重视预算一体化建设

全面规范透明。所有收支全部纳入预算，实行全口径预算管理，统一预算分配权，全面提高预算编制和执行的透明度。

标准科学。遵循预算编制的基本规律，明确重点支出预算安排的基本规范。

约束有力。严格落实预算法，切实硬化预算约束，构建管理规范、风险可控的举债机制，增强财政可持续性。

全面实施绩效管理。紧紧围绕提升财政资金使用效益，注重成本效益分析，关注支出结果和政策目标实现程度。建立预算编制有目标、预算执行有监控、预算完成有评价、评价结果有反馈、反馈结果有应用的全过程预算绩效管理机制。

预算管理一体化以统一预算管理规则为核心，以预算管理一体化系统为载体，将统一的标准嵌入信息系统，提高项目储备、预算编审、预算调整和调剂、资金支付、会计核算、决算和报告等工作的标准化、自动化水平，实现对预算全流程管理的动态反映和有效控制，保证各级预算管理规范高效。

基于以上要求，各科研事业单位应积极按照所在省市财政预算一体化要求，完善升级现有会计系统，优化信息网络，尽快接入财政预算一体化系统。

第 9 章

收支业务控制

9.1 案例分析

案例名称： 虚列虚增支出，形成2262.21万元"小金库"

2014年1月至2017年9月，某乡原党委书记罗某、乡长耿某与相关班子成员相互勾结形成利益团伙，安排相关人员以"暂借款"、虚列和虚增支出套取项目资金和工作经费，设立、管理、使用"小金库"共计2262.21万元。其中用于购买高档香烟、土特产、加油卡等支出145.32万元；违规发放津补贴3万元；罗某、耿某分别侵吞66.74万元、65.3万元。此外，罗某、耿某还存在其他严重违纪违法问题。2019年5月，罗某受到开除党籍、开除公职处分，2019年12月被判处有期徒刑三年零六个月；2019年6月，耿某受到开除党籍、开除公职处理，2019年11月被判处有期徒刑六年零六个月。其余人员分别受到留党察看两年、撤销党内职务、党内严重警告和政务撤职、政务警告处分。

案例分析： 此案例由于某乡财务对支出管理审核不严，将单位所有的2262.21万元资金，通过虚列和虚增的方式，用于购买高档香烟、土特产等收入。该笔资金性质公有，使用性质违法，因此构成"小金库"。

9.2 收支业务内部控制建设路径

收支业务内部控制建设路径如图9-1所示。

第一，学习政策，涉及三个重点方向。一是学习《事业单位财务规则》（中华人民共和国财政部令第108号）等上位制度对收入支出的要求；二是学习科研事业单位所在省市或地区、主管部门对收支控制的要求；三是要了解本单位对预算控制的要求。内部控制建设的适应性原则要求，适应单位实际的收支控制才是最好的。单位的收支控制不可能与上位制度"上下一般粗"，也不可与上位政策相抵触。

第二，梳理现状，涉及三个重点方向。一是梳理单位收支管理机制。如是否设立财务归口部门、收款、核算等岗位是否分离；二是逐一梳理收入、支出、票据等管理环节，特别是梳理关键点的控制情况；三是梳理单位现行制度建设情况。如有无收支、票据等管理制度。如无制度，则应按内部控制要求尽

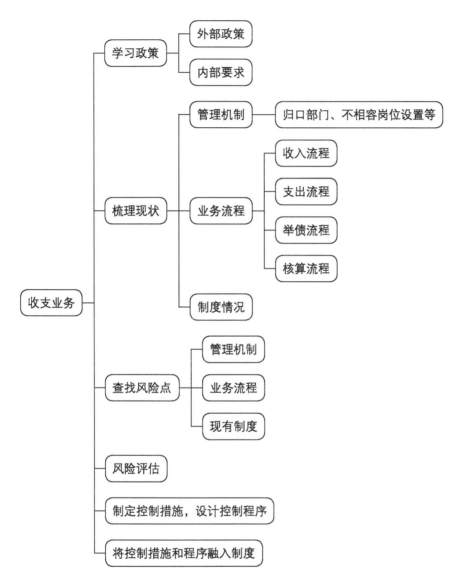

图9-1　科研事业单位收支业务内部控制建设路径

快制定制度；如有制度，应梳理与上位制度的衔接情况，梳理是否与正在执行的制度有抵触的地方等。

第二，查找风险点。结合政策学习和现状梳理情况，按照内部控制规范的重要性原则，特别要对收支业务的关键环节、关键点位查找可能存在的风险。如收入能否做到应收尽收，支出有无审核控制，会有什么风险点，等等。本着"谨小慎微"的原则，不要担心梳理的风险点过多。此环节只需梳理风险点，并形成风险清单。依据风险清单，哪些风险需要采取什么措施，是风险评估后才能决定的事情。

第四，风险评估。依据风险清单，由风险评估小组结合单位实际，进行风险评估。并依据风险评估的情况，提出切合实际的风险应对措施或控制程序建议。

第五，制定控制措施，设计控制程序。内部控制建设牵头部门依据风险评估结果，针对收支控制中某个流程的某个或某几个风险点，形成合理可行的风险应对措施或控制程序建议。例如针对支出执行环节的风险，可以通过增加支出前进行"事项请示"、支出时"审批控制"等环节，赋予部门负责人、分管领导、分管财务领导、单位主要领导等不同金额审核权限等措施，降低支出可能存在的风险。

第六，制定制度。汇总第五步形成的全部控制措施或控制程序，分门别类从总则、职责分工、收入管理、支出管理、支出审批与报销、附则等方面，修订完善或新建制度。

9.3 收支业务控制概述

2022年3月1日起施行的《事业单位财务规则》（财政部令108号）明确，收入是指事业单位为开展业务及其他活动依法取得的非偿还性资金。支出是指事业单位开展业务及其他活动发生的资金耗费和损失。

（1）事业单位收入

《事业单位财务规则》明确，事业单位收入包含6项，即财政补助收入、事业收入、上级补助收入、附属单位上缴收入、经营收入和其他收入。

财政补助收入，即事业单位从本级财政部门取得的各类财政拨款。

事业收入，即事业单位开展专业业务活动及其辅助活动取得的收入。其中：按照国家有关规定应当上缴国库或者财政专户的资金，不计入事业收入；从财政专户核拨给事业单位的资金和经核准不上缴国库或者财政专户的资金，计入事业收入。

上级补助收入，即事业单位从主管部门和上级单位取得的非财政补助收入。

附属单位上缴收入，即事业单位附属独立核算单位按照有关规定上缴的收入。

经营收入，即事业单位在专业业务活动及其辅助活动之外开展非独立核算经营活动取得的收入。

其他收入，即上述范围以外的各项收入，包括投资收益、利息收入、捐赠收入、非本级财政补助收入、租金收入等。

（2）事业单位支出

《事业单位财务规则》明确，事业单位支出包含5项，即事业支出、经营支出、对附属单位补助支出、上缴上级支出和其他支出。

事业支出，即事业单位开展专业业务活动及其辅助活动发生的基本支出和项目支出。基本支出，是指事业单位为保障其单位正常运转、完成日常工作任务所发生的支出，包括人员经费和公用经费；项目支出，是指事业单位为完成其特定的工作任务和事业发展目标所发生的支出。

经营支出，即事业单位在专业业务活动及其辅助活动之外开展非独立核算经营活动发生的支出。

对附属单位补助支出，即事业单位用财政补助收入之外的收入对附属单位补助发生的支出。

上缴上级支出，即事业单位按照财政部门和主管部门的规定上缴上级单位的支出。

其他支出，即上述规定范围以外的各项支出，包括利息支出、捐赠支出等。

（3）事业单位收入支出差额（结余结转）管理

事业单位年度收入支出相抵后的余额，即结转和结余。《事业单位财务规则》规定，结转资金是指事业单位当年预算已执行但未完成，或者因故未执行，下一年度需要按照原用途继续使用的资金。结余资金是指事业单位当年预算工作目标已完成，或者因故终止，当年剩余的资金。

对结转和结余的管理，《事业单位财务规则》也做了明确规定。财政拨款结转和结余管理，按照国家有关规定执行。非财政拨款结转按照规定结转下一年度继续使用。非财政拨款结余按照国家有关规定提取职工福利基金，剩余部分用于弥补以后年度事业单位单位收支差额；国家另有规定的，从其规定。同时还要求，事业单位应当加强非财政拨款结余管理，盘活存量，统筹安排、合理使用，支出不得超出非财政拨款结余规模。

（4）收支业务控制目标

按照《内控规范》对收支业务控制的要求，主要有如表9-1所示控制目标。

表9-1 《内控规范》对收支业务的控制目标

序号	控制要素	具体要求
1	制度建设	单位应当建立健全收入内部管理制度、票据管理制度、支出内部管理制度、债务内部管理制度等4项制度。其中 ——建立健全票据管理制度。财政票据、发票等各类票据的申领、启用、核销、销毁均应履行规定手续。单位应当按照规定设置票据专管员，建立票据台账，做好票据的保管和序时登记工作。票据应当按照顺序号使用，不得拆本使用，做好废旧票据管理。负责保管票据的人员要配置单独的保险柜等保管设备，并做到人走柜锁。单位不得违反规定转让、出借、代开、买卖财政票据、发票等票据，不得擅自扩大票据适用范围。 ——建立健全支出内部管理制度，确定单位经济活动的各项支出标准，明确支出报销流程，按照规定办理支出事项。 ——建立健全债务内部管理制度，明确债务管理岗位的职责权限，不得由一人办理债务业务的全过程。大额债务的举借和偿还属于重大经济事项，应当进行充分论证，并由单位领导班子集体研究决定。单位应当做好债务的会计核算和档案保管工作。加强债务的对账和检查控制，定期与债权人核对债务余额，进行债务清理，防范和控制财务风险
2	岗位设置	单位应当合理设置岗位，明确相关岗位的职责权限，确保收款、会计核算等不相容岗位相互分离；确保支出申请和内部审批、付款审批和付款执行、业务经办和会计核算等不相容岗位相互分离
3	归口管理	单位的各项收入应当由财会部门归口管理并进行会计核算，严禁设立账外账
4	非税收入"收支两条线"	有政府非税收入收缴职能的单位，应当按照规定项目和标准征收政府非税收入，按照规定开具财政票据，做到收缴分离、票款一致，并及时、足额上缴国库或财政专户，不得以任何形式截留、挪用或者私分
5	支出审核与审批控制	加强支出审批控制。明确支出的内部审批权限、程序、责任和相关控制措施。审批人应当在授权范围内审批，不得越权审批。 加强支出审核控制。全面审核各类单据。重点审核单据来源是否合法，内容是否真实、完整，使用是否准确，是否符合预算，审批手续是否齐全

续表

序号	控制要素	具体要求
6	加强支付控制	明确报销业务流程，按照规定办理资金支付手续。签发的支付凭证应当进行登记。使用公务卡结算的，应当按照公务卡使用和管理有关规定办理业务

9.4 收支业务的主要流程

9.4.1 财政收入管理流程

财政收入管理流程示意图如图9-2所示。

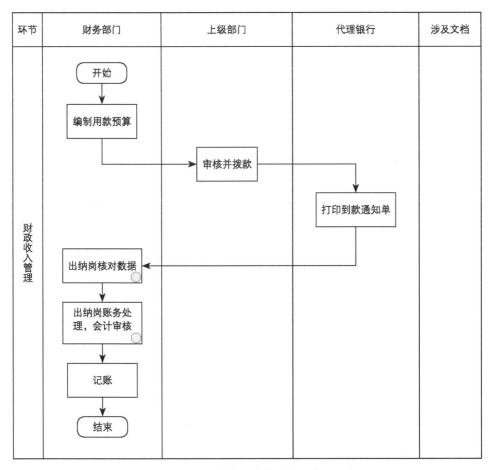

图9-2　科研事业单位财政收入管理流程示意图

9.4.2 非财政收入管理流程

非财政收入管理流程示意图如图9-3所示。

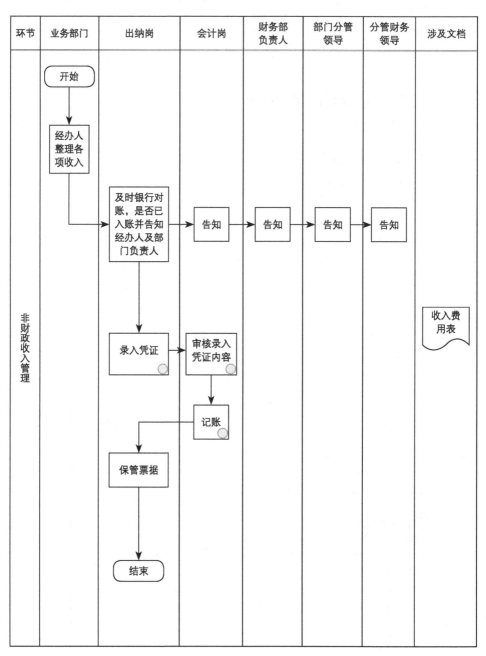

图9-3 科研事业单位非财政收入管理流程示意图

9.4.3 支出审批与支付流程

支出审批与支付流程示意图如图9-4所示。

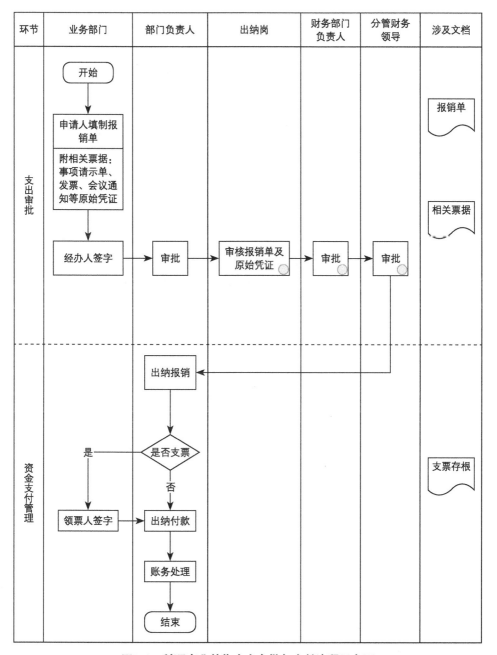

图9-4 科研事业单位支出审批与支付流程示意图

9.4.4 零余额账户支出审批与支付流程

零余额账户支出审批与支付流程示意图如图9-5所示。

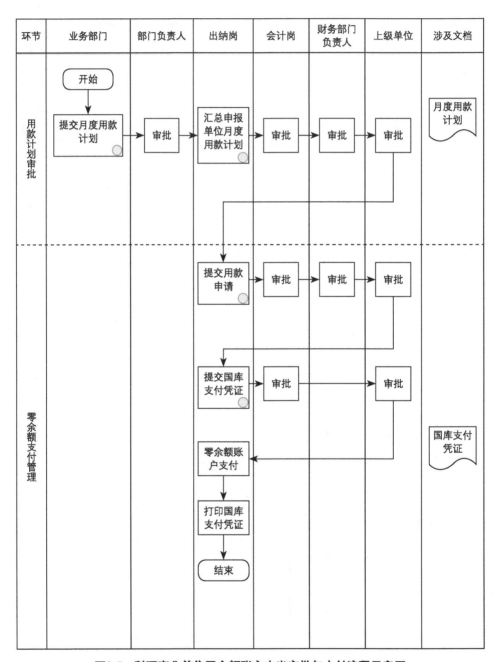

图9-5 科研事业单位零余额账户支出审批与支付流程示意图

9.4.5 债务管理流程

债务管理流程示意图如图9-6所示。

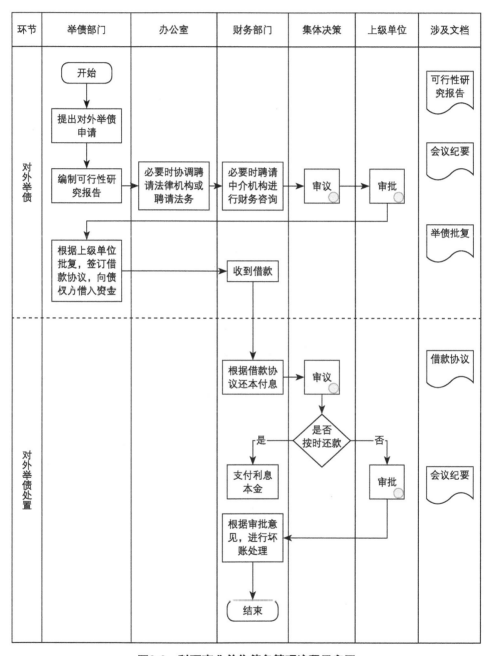

图9-6 科研事业单位债务管理流程示意图

9.5 收支业务的主要风险点及控制措施

收支业务的主要风险点及控制措施见表9-2。

表9-2 科研事业单位收支业务的主要风险点及控制措施

序号	控制环节	可能存在的风险点	控制措施
1	收入管理	未建立收入管理办法，未明确收入类型和收入确认方式，收入管理混乱	制定收入管理办法，明确单位收入覆盖范围，明确收入确认时点和确认方式
2	收入管理	收入未全部纳入预算管理，甚至存在设立"小金库"现象	定期开展"小金库"专项自查，发现问题及时处理。严肃财经纪律，对相关人员加强法制教育；各项收入由财务部门归口管理并进行会计核算，严禁设立账外账
3	收入管理	开票、收款与会计核算等不相容岗位未分离，存在舞弊或资金被挪用风险	设立开票、收款与会计核算等岗位，并明确相关岗位职责权限，确保不相容职务相互分离
4	收入管理	截留非税收入或资产处置收入	在制度中明确非税收入、资产收入等上缴方式，明确不按规定上缴的处置措施
5	收入管理	结余、结转资金处置不当，存在违规风险	严格按上位法要求，做好结余、结转资金上缴或使用工作
5	票据/印章管理	票据、印章管理松散，票据、印章未做到专人专管，可能导致资金流失风险	建立健全票据管理、印章管理制度，明确票据申领、保管、领取、销毁等流程
6	支出申请与审批	支出事项未经过事前申请、审核和审批，重大支出未经过集体决策程序，可能导致预算执行不力甚至产生违法违规风险	建立健全"先请示，再执行，后报销"支出事前审批制度，明确各项支出事项范围和标准
7	支出监督	报销单据审核不严格，可能导致采用虚假或不符合要求票据报销，存在使用虚假票据套取资金风险	明确支出的内部审批权限、程序、责任和相关控制措施；财务部门进行单据审核；稽核等部门进行定期或不定期监督检查

续表

序号	控制环节	可能存在的风险点	控制措施
8	资金支付	资金支付不符合国库集中支付、政府采购、公务卡结算等国家有关政策规定，可能导致违规支出	财务部门按照规定的资金支付方式进行资金支付，并登记现金、银行日记账；财务部门定期取得银行对账单并编制银行余额调节表
9	核算归档	会计资料不全，可能导致责任确认不清	财务部门根据支出凭证及时准确登记账簿；档案保管部门妥善保管会计档案，严防毁损、散失、泄密和不当使用
10	债务业务	举债缺乏论证，入不敷出，举债超过单位偿还能力	加强举债业务前充分论证，结合单位实际，在风险可控范围内，选取合适的举债方式
11	债务业务	资金挪作他用，存在还不上的风险	严格按合同专款专用，定期核对资金使用进度情况，确保按预算执行等

9.6 收支业务内部控制主要依据

① 《中华人民共和国预算法》（2018年修订）。

② 《事业单位财务规则》（财政部令108号）。

③ 《关于科学事业单位执行〈政府会计制度——行政事业单位会计科目和报表〉的补充规定》（财会〔2018〕23号）。

④ 《中华人民共和国发票管理办法》（国务院令第587号）。

⑤ 《中华人民共和国发票管理办法实施细则》（国家税务总局令第25号）。

⑥ 《国务院关于加强地方政府性债务管理的意见》（国发〔2014〕43号）。

⑦ 《因公临时出国经费管理办法》（财行〔2013〕516号）。

⑧ 《财政票据管理办法》（财政部令第70号）。

⑨ 《财政部关于修改〈财政票据管理办法〉的决定》（财政部令第104号）。

⑩ 《财政部关于印发〈行政事业单位资金往来结算票据使用管理暂行办法〉的通知》（财综〔2010〕1号）。

⑪《党政机关厉行节约反对浪费条例》（中发〔2013〕13号）。

⑫《党政机关国内公务接待管理规定》（2013年12月发布）。

⑬《中央和国家机关差旅费管理办法》（财行〔2013〕531号）。

⑭《中央和国家机关公务用车制度改革方案》（2014年7月发布）。

⑮《财政票据检查工作规范》（财综〔2009〕38号）。

⑯《中央和国家机关会议费管理办法》（财行〔2016〕214号）。

⑰关于印发《单位公务卡管理办法（试行）》的通知（财库）〔2016〕8号。

⑱关于印发《中央和国家机关工作人员赴地方差旅住宿费标准明细表》的通知（财行〔2016〕71号）。

⑲科研事业单位所在地区对收支业务控制的相关政策要求等。

9.7 收支授权审批权限及不相容岗位分离表

（1）收支业务审批权限

① 收入业务（见表9-3）

表9-3 科研事业单位收入业务审批权限示例

权限 事项	审批人 各相关部门	部门负责人	财务部门	分管财务领导	上级主管部门
财政收入	—	—	填报	—	审核并拨款
事业收入和其他收入	汇总	审核	审核	—	—

② 支出业务（见表9-4）

表9-4 科研事业单位支出业务审批权限示例

权限 事项	审批人 各相关部门	部门负责人	财务部门	分管财务领导	"三重一大"决策咨询
支出事项审批	申请	审核	审核	审核、审批	审议

（2）不相容岗位分离建议表

① 收入业务（见表9-5）

表9-5　科研事业单位收入业务和票据管理不相容岗位示例

业务环节	业务职能	收入收款	收入记账	票据业务申请	票据业务经办	票据保管	票据盘点
收入管理	收入收款		×				
	收入记账			×			
票据管理	票据业务申请				×		
	票据业务经办					×	
	票据保管						×
	票据盘点						

② 支出业务（见表9-6）

表9-6　科研事业单位支出业务不相容岗位示例

业务环节	业务职能	资金支出申请	资金支出审批	资金支付	费用报销审批	费用支付	账务处理
资金支出管理	资金支出申请		×				
	资金支出审批			×			
费用报销管理	资金支付				×		
	费用报销审批					×	
	费用支付						×
	账务处理						

9.8　需要关注的问题

9.8.1　收入应收尽收

目前，随着管理的逐步规范化，科研事业单位对各项收入基本能做到应收尽收。需要注意的是其他收入。有的科研事业单位有长期投资，应及时向被投资单位收取投资,避免长期投资无收益情况发生;此外,关于变卖废报纸、废书报等的收入应及时入账,然后根据非税收入相关要求,上缴上级单位或财政部门。

9.8.2 按要求和标准进行支出

(1)科研事业单位主要支出分类

科研事业单位的支出主要分为两大类,基本支出和项目支出,具体见表9-7。需要注意的是,基本支出里的人员经费和公用经费不可混用支出。同时,项目支出也应当按照当地财政部门关于项目经费支出管理办法要求,按照预算要求的科目进行支出。

表9-7 科研事业单位主要支出分类

序号	支出事项	包含内容	明细
1	基本支出	人员经费支出	包含基本工资、绩效工资、津贴补贴、公积金、社会保障缴费、其他工资福利支出和退休费等
		公用经费支出	办公经费支出(包含办公费、物业管理费、委托业务费、租赁费、水费、电费、公务接待费、公务用车运行维护费、因公出国出境费等)
			科研项目、非科研项目支出的设备费、业务费和劳务费等
2	项目支出	项目经费	包含会议费、咨询费、差旅费、培训费、交通费、邮电费、印刷费、劳务费、办公费、委托业务费和其他费用等支出

(2)科研事业单位主要支出标准

关于人员经费和公用经费,各地财政部门都有相关的控制标准和控制线。科研事业单位财务部门按照标准支出即可。此处重点描述差旅费、住宿费、会议费、培训费的支出标准,以及办公配套设施等标准。

① 差旅费支出标准如表9-8所示。

表9-8 《中央和国家机关差旅费管理办法》明确的差旅费标准

级别	火车（含高铁、动车、全列软席列车）	轮船（不包括旅游船）	飞机	其他交通工具（不包括出租小汽车）
部级及相当职务人员	火车软席（软座、软卧），高铁/动车商务座，全列软席列车一等软座	一等舱	头等舱	凭据报销
局级及相当职务人员	火车软席（软座、软卧），高铁/动车一等座，全列软席列车一等软座	二等舱	经济舱	凭据报销
其他人员	火车硬席（硬座、硬卧），高铁/动车二等座，全列软席列车二等软座	三等舱	经济舱	凭据报销

② 住宿费支出标准。2016年，财政部发布《关于印发〈中央和国家机关工作人员赴地方差旅住宿费标准明细表〉的通知》（财行〔2016〕71号），对中央和国家机关人员出差住宿费制定标准，见表9-9。各省区市在此基础上，结合区域实际，也制定了相关的差旅出行标准。

表9-9 中央和国家机关工作人员赴地方差旅住宿费标准明细表

单位：元/人·天

序号	地区（城市）		住宿费标准			旺季浮动标准				
			部级	司局级	其他人员	旺季地区	旺季期间	旺季上浮价		
								部级	司局级	其他人员
1	北京	全市	1100	650	500					
2	天津	6个中心城区、滨海新区、东丽区、西青区、津南区、北辰区、武清区、宝坻区、静海区、蓟州区	800	480	380					
		宁河区	600	350	320					

续表

序号	地区（城市）		住宿费标准			旺季浮动标准				
			部级	司局级	其他人员	旺季地区	旺季期间	旺季上浮价		
								部级	司局级	其他人员
3	河北	石家庄市、张家口市、秦皇岛市、廊坊市、承德市、保定市	800	450	350	张家口市	7~9月、11~3月	1200	675	525
						秦皇岛市	7~8月	1200	680	500
						承德市	7~9月	1000	580	580
		其他地区	800	450	310					
4	山西	太原市、大同市、晋城市	800	480	350					
		临汾市	800	480	330					
		阳泉市、长治市、晋中市	800	480	310					
		其他地区	800	400	240					
5	内蒙古	呼和浩特市	800	460	350					
		其他地区	800	460	320	海拉尔区、满洲里市、阿尔山市	7~9月	1200	690	480
						二连浩特市	7~9月	1000	580	400
						额济纳旗	9~10月	1200	690	480
6	辽宁	沈阳市	800	480	350					
		其他地区	800	480	330					
7	大连	全市	800	490	350	全市	7~9月	960	590	420
8	吉林	长春市、吉林市、延边州、长白山管理区	800	450	350	吉林市、延边州、长白山管理区	7~9月	960	540	420
		其他地区	750	400	300					

续表

序号	地区(城市)		住宿费标准			旺季地区	旺季浮动标准			
								旺季上浮价		
			部级	司局级	其他人员		旺季期间	部级	司局级	其他人员
9	黑龙江	哈尔滨市	800	450	350	哈尔滨市	7~9月	960	540	420
		其他地区	750	450	300	牡丹江市、伊春市、大兴安岭地区、黑河市、佳木斯市	6~8月	900	540	360
10	上海	全市	1100	600	500					
11	江苏	南京市、苏州市、无锡市、常州市、镇江市	900	490	380					
		其他地区	900	490	360					
12	浙江	杭州市	900	500	400					
		其他地区	800	490	340					
13	宁波	全市	800	450	350					
14	安徽	全省	800	460	350					
15	福建	福州市、泉州市、平潭综合实验区	900	480	380					
		其他地区	900	480	350					
16	厦门	全市	900	500	400					
17	江西	全省	800	470	350					
18	山东	济南市、淄博市、枣庄市、东营市、烟台市、潍坊市、济宁市、泰安市、威海市、日照市	800	480	380	烟台市、威海市、日照市	7~9月	960	570	450
		其他地区	800	460	360					

续表

序号	地区（城市）		住宿费标准			旺季地区	旺季浮动标准			
			部级	司局级	其他人员		旺季期间	旺季上浮价		
								部级	司局级	其他人员
19	青岛	全市	800	490	380	全市	7~9月	960	590	450
20	河南	郑州市	900	480	380					
		其他地区	800	480	330	洛阳市	4~5月上旬	1200	720	500
21	湖北	武汉市	800	480	350					
		其他地区	800	480	320					
22	湖南	长沙市	800	450	350					
		其他地区	800	450	330					
23	广东	广州市、珠海市、佛山市、东莞市、中山市、江门市	900	550	450					
		其他地区	850	530	420					
24	深圳	全市	900	550	450					
25	广西	南宁市	800	470	350					
		其他地区	800	470	330	桂林市、北海市	1~2月、7~9月	1040	610	430
26	海南	海口市、三沙市、儋州市、五指山市、文昌市、琼海市、万宁市、东方市、定安县、屯昌县、澄迈县、临高县、白沙县、昌江县、乐东县、陵水县、保亭县、琼中县、洋浦开发区	800	500	350	海口市、文昌市、澄迈县	11~2月	1040	650	450
			800	500	350	琼海市、万宁市、陵水县、保亭县	11~3月	1040	650	450
		三亚市	1000	600	400	三亚市	10~4月	1200	720	480
27	重庆	9个中心城区、北部新区	800	480	370					
		其他地区	770	450	300					

续表

序号	地区	地区（城市）	住宿费标准			旺季地区	旺季浮动标准			
								旺季上浮价		
			部级	司局级	其他人员		旺季期间	部级	司局级	其他人员
28	四川	成都市	900	470	370					
		阿坝州、甘孜州	800	430	330					
		绵阳市、乐山市、雅安市	800	430	320					
		宜宾市	800	430	300					
		凉山州	750	430	330					
		德阳市、遂宁市、巴中市	750	430	310					
		其他地区	750	430	300					
29	贵州	贵阳市	800	470	370					
		其他地区	750	450	300					
30	云南	昆明市、大理州、丽江市、迪庆州、西双版纳州	900	480	380					
		其他地区	900	480	330					
31	西藏	拉萨市	800	500	350	拉萨市	6~9月	1200	750	530
		其他地区	500	400	300	其他地区	6~9月	800	500	350
32	陕西	西安市	800	460	350					
		榆林市、延安市	680	350	300					
		杨凌区	680	320	260					
		咸阳市、宝鸡市	600	320	260					
		渭南市、韩城市	600	300	260					
		其他地区	600	300	230					
33	甘肃	兰州市	800	470	350					
		其他地区	700	450	310					
34	青海	西宁市	800	500	350	西宁市	6~9月	1200	750	530
		玉树州、果洛州	600	350	300	玉树州	5~9月	900	525	450

续表

序号	地区（城市）		住宿费标准			旺季地区	旺季浮动标准			
								旺季上浮价		
			部级	司局级	其他人员		旺季期间	部级	司局级	其他人员
34	青海	海北州、黄南州	600	350	250	海北州、黄南州	5～9月	900	525	375
		海东市、海南州	600	300	250	海东市、海南州	5～9月	900	450	375
		海西州	600	300	200	海西州	5～9月	900	450	300
35	宁夏	银川市	800	470	350					
		其他地区	800	430	330					
36	新疆	乌鲁木齐市	800	480	350					
		石河子市、克拉玛依市、昌吉州、伊犁州、阿勒泰地区、博州、吐鲁番市、哈密地区、巴州、和田地区	800	480	340					
		克州	800	480	320					
		喀什地区	780	480	300					
		阿克苏地区	700	450	300					
		塔城地区	700	400	300					

③ 会议费支出标准。根据《中央和国家机关会议费管理办法》（财行〔2016〕214号），科研事业单位会议费标准应符合表9-10和表9-11所定标准。

表9-10 《中央和国家机关会议费管理办法》确定的会议标准

序号	会议类别	会议分类	会议人数	会议天数
1	一类会议	是以党中央和国务院名义召开的，要求省、自治区、直辖市、计划单列市或中央部门负责同志参加的会议	从严控制	从严控制

续表

序号	会议类别	会议分类	会议人数	会议天数
2	二类会议	是党中央和国务院各部委、各直属机构，最高人民法院，最高人民检察院，各人民团体召开的，要求省、自治区、直辖市、计划单列市有关厅（局）或本系统、直属机构负责同志参加的会议	300人以下，工作人员控制在会议代表人数15%以内	2天以下
3	三类会议	是党中央和国务院各部委、各直属机构，最高人民法院，最高人民检察院，各人民团体及其所属内设机构召开的，要求省、自治区、直辖市、计划单列市有关厅（局）或本系统机构有关人员参加的会议	150人以下，工作人员控制在会议代表人数10%以内	2天以下
4	四类会议	是指除上述一、二、三类会议以外的其他业务性会议，包括小型研讨会、座谈会、评审会等	50人以下	2天以下

表9-11　《中央和国家机关会议费管理办法》确定的会议费综合定额标准

单位：元/人·天

序号	会议类别	住宿费	伙食费	其他费用	合计
1	一类会议	500	150	110	760
2	二类会议	400	150	100	650
3	三、四类会议	340	130	80	550

④ 培训费支出标准。根据《中央和国家机关培训费管理办法》（财行〔2016〕540号），培训费是指各单位开展培训直接发生的各项费用支出，包括师资费、住宿费、伙食费、培训场地费、培训资料费、交通费以及其他费用。除了师资费外，培训费实行分类综合定额标准，分项核定、总额控制，各项费用之间可以调剂使用。科研事业单位培训费标准应符合表9-12所定标准。

表9-12 《中央和国家机关培训费管理办法》明确的培训费综合定额标准

单位：元/人·天

序号	培训类别	住宿费	伙食费	场地、资料交通费	其他费用	合计费用
1	一类培训	500	150	80	30	760
2	二类培训	400	150	70	30	650
3	三类培训	340	130	50	30	550

⑤ 党政机关办公用房建设标准。2014年，国家发展改革委住房城乡建设部发布《关于印发党政机关办公用房建设标准的通知》（发改投资〔2014〕2674号），明确党政机关办公用房建设标准如表9-13所示。

表9-13 党政机关办公用房建设标准

类别	适用对象	使用面积/（米^2/人）
中央机关	部级正职	54
	部级副职	42
	正司（局）级	24
	副司（局）级	18
	处级	12
	处级以下	9
省级机关	省级正职	54
	省级副职	42
	正厅（局）级	30
	副厅（局）级	24
	正处级	18
	副处级	12
	处级以下	9
市级机关	市级正职	42
	市级副职	30
	正局（处）级	24

续表

类别	适用对象	使用面积/（米²/人）
市级机关	副局（处）级	18
	局（处）级以下	9
县级机关	县级正职	30
	县级副职	24
	正科级	18
	副科级	12
	科级以下	9
乡级机关	乡级正职	由省级人民政府按照中央规定和精神自行做出规定，原则上不得超过县级副职
	乡级副职	
	乡级以下	—

⑥党政机关办通用办公设备和家具配置标准。2016年，财政部等5部门印发《关于印发〈中央行政单位通用办公设备家具配置标准〉的通知》（财资〔2016〕27号），对党政机关通用办公设备和家具配置标准进行了规定，具体如表9-14、表9-15所示。

表9-14 中央行政单位通用办公家具配置标准表

资产品目		数量上限/套、件、组	价格上限/元	最低使用年限/年	性能要求
办公桌		1套/人	司局级：4500；处级及以下：3000	15	充分考虑办公布局，符合简朴实用、经典耐用要求，不得配置豪华家具，不得使用名贵木材
办公椅			司局级：1500；处级及以下：800		
沙发	三人沙发	视办公室使用面积，每个处级及以下办公室可以配置1个三人沙发或2个单人沙发，司局级办公室可以配置1个三人沙发和2个单人沙发	3000	15	
	单人沙发		1500		

续表

资产品目		数量上限/套、件、组	价格上限/元	最低使用年限/年	性能要求
茶几	大茶几	视办公室使用面积，每个办公室可以选择配置1个大茶几或者1个小茶几	1000	15	充分考虑办公布局，符合简朴实用、经典耐用要求，不得配置豪华家具，不得使用名贵木材
	小茶几		800		
桌前椅		1个/办公室	800	15	
书柜		司局级：2组/人	2000	15	
		处级及以下：1组/人	1200	15	
文件柜		1组/人	司局级：2000；处级及以下：1000	20	
更衣柜		1组/办公室	司局级：2000；处级及以下：1000	15	
保密柜		根据保密规定和工作需要合理配置	3000	20	
茶水柜		1组/办公室	1500	20	
会议桌		视会议室使用面积情况配置	会议室使用面积在50（含）平方米以下：1600元/米^2；50~100（含）平方米：1200元/米^2；100平方米以上：1000元/米^2	20	
会议椅		视会议室使用面积情况配置	800	15	

注：配置具有组合功能的办公家具，价格不得高于各单项资产的价格之和；价格上限中的价格指单件家具的价格。

表9-15 中央行政单位通用办公设备配置标准表

资产品目		数量上限/台	价格上限/元	最低使用年限/年	性能要求
台式计算机（含预装正版操作系统软件）		结合单位办公网络布置以及保密管理的规定合理配置。涉密单位台式计算机配置数量上限为单位编制内实有人数的150%；非涉密单位台式计算机配置数量上限为单位编制内实有人数的100%	5000	6	按照《中华人民共和国政府采购法》的规定，配置具有较强安全性、稳定性、兼容性，且能耗低、维修便利的设备，不得配置高端设备
便携式计算机（含预装正版操作系统软件）		便携式计算机配置数量上限为单位编制内实有人数的50%。外勤单位可增加便携式计算机数量，同时酌情减少相应数量的台式计算机	7000	6	
打印机	A4 黑白	单位A3和A4打印机的配置数量上限按单位编制内实有人数的80%计算，由单位根据工作需要选择配置A3或A4打印机。其中，A3打印机配置数量上限按单位编制内实有人数的15%计算。原则上不配备彩色打印机，确有需要的，经单位资产管理部门负责人同意后根据工作需要合理配置，配置数量上限按单位编制内实有人数的3%计算	1200	6	
	A4 彩色		2000		
	A3 黑白		7600	6	
	A3 彩色		15000	6	
票据打印机		根据机构职能和工作需要合理配置	3000	6	
复印机		编制内实有人数在100人以内的单位，每20人可以配置1台复印机，不足20人的按20人计算；编制内实有人数在100人以上的单位，超出100人的部分每30人可以配置1台复印机，不足30人的按30人计算	35000	6年或复印30万张纸	
一体机/传真机		配置数量上限按单位编制内实有人数的30%计算	3000	6	
扫描仪		配置数量上限按单位编制内实有人数的5%计算	4000	6	
碎纸机		配置数量上限按单位编制内实有人数的5%计算	1000	6	
投影仪		编制内实有人数在100人以内的单位，每20人可以配置1台投影仪，不足20人的按20人计算；编制内实有人数在100人以上的单位，超出100人的部分每30人可以配置1台投影仪，不足30人的按30人计算	10000	6	

第 10 章

政府采购业务控制

10.1 案例分析

案例名称： 未按要求采购预装正版操作系统软件的计算机产品

2019年，某市审计局在对某科研事业单位进行审计时，发现该单位通过政府采购方式采购计算机产品30余台，价值20万元。在采购上述计算机时，未采购预装正版操作系统的计算机产品，在实际使用中未使用正版操作系统。不符合《国务院办公厅关于印发政府机关使用正版软件管理办法的通知》（国办发〔2013〕88号）第六条中"……各级政府机关购置计算机办公设备时，应当采购预装正版操作系统软件的计算机产品，对需要购置的办公软件和杀毒软件一并作出购置计划。"和第十四条中"政府机关以外的其他国家机关、事业单位、人民团体和免予登记的社会团体使用正版软件工作，参照本办法执行。"

案例分析： 审计提出的问题，表明该科研事业对政府采购的相关政策学习不深入，未重视当年度列入政府集中采购目录的"基础软件"（包括操作系统、数据库管理系统、中间件和办公软件）的集中采购要求，未将正版操作系统采购纳入单位当年政策采购预算，所以才导致未采购预装正版操作系统软件的计算机产品。

10.2 政府采购业务内部控制建设路径

政府采购业务内部控制建设路径如图10-1所示。

第一，学习政策，涉及三个重点方向。一是学习《中华人民共和国政府采购法》（2014年修正）、《中华人民共和国招标投标法》（2017年修正）、《政府采购货物和服务招标投标管理办法》等上位制度对政策采购控制的要求；二是学习科研事业单位所在省市或地区、主管部门对政策采购控制的要求；三是要了解本单位政府采购控制的要求。内部控制建设的适应性原则要求，适应单位实际的预算控制才是最好的。单位的政策采购控制不可能与上位制度"上下一般粗"，也不可能与上位政策相抵触。

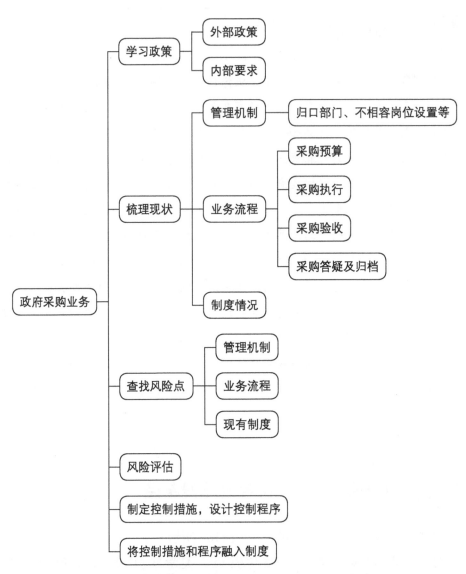

图10-1 科研事业单位政府采购业务内部控制建设路径

第二,梳理现状,涉及三个重点方向。一是梳理单位政府采购管理机制。是否设立政府采购归口部门、设置政府采购不相容岗位并配备相关人员等;二是逐一梳理政府采购预算编制、预算审批、政府采购计划编制、采购实施、采购验收等环节,特别是梳理关键点的控制情况;三是梳理单位现行制度建设情况。如有无预算政府采购管理制度。如无制度,则应按照梳理的风险情况和内部控制要求尽快制定制度;如有制度,要梳理与上位制度的衔接情况,梳理是否与正在执行的制度有抵触的地方并进行完善。

第三，查找风险点。结合政策学习和现状梳理情况，按照内部控制规范的重要性原则，特别要对政府采购的关键环节、关键点位查找可能存在的风险。如预算编制环节，有没有编制政府采购预算，存不存在无预算而进行采购的情况，采购实施过程中会有什么风险点，等等。本着"谨小慎微"的原则，不要担心梳理的风险点过多。此环节只需梳理风险点，并形成风险清单。依据风险清单，哪些风险需要采取什么措施，是风险评估后才能决定的事情。

第四，风险评估。依据风险清单，由风险评估小组结合单位实际，进行风险评估。并依据风险评估的情况，提出切合实际的风险应对措施或控制程序建议。

第五，制定控制措施，设计控制程序。内部控制建设牵头部门依据风险评估结果，针对预算控制中某个流程的某个或某几个风险点，形成合理可行的风险应对措施或控制程序建议。例如针对政府采购执行过程中的风险，可以通过制定采购申请—采购实施—合同签订—合同验收—财务付款—文件归档等采购程序降低采购活动风险。

第六，将控制措施和程序融入制度。汇总第五步形成的全部控制措施或控制程序，分门别类从总则、组织机构和职责、政府采购组织形式及范围、政府采购程序、政府集中采购方式、政府采购合同签订、验收、附则等方面，修订完善或新建制度。

10.3 政府采购业务控制概述

10.3.1 政府采购的定义

《中华人民共和国政府采购法》（2014年修正）明确，"政府采购，是指各级国家机关、事业单位和团体组织，使用财政性资金采购依法制定的集中采购目录以内的或者采购限额标准以上的货物、工程和服务的行为。"

《中华人民共和国政府采购法》（2014年修正）、《中华人民共和国采购实施条例》（2015年）对政府集中采购目录和采购限额标准制定权限、对"财政性资金""采购""货物""工程""服务"分别进行了说明。

财政性资金，是指"纳入预算管理的资金"。同时，《中华人民共和国采购实施条例》（2015年）明确，国家机关、事业单位和团体组织的采购项目既使用财政性资金又使用非财政性资金的，使用财政性资金采购的部分，适用政府采购法及本条例；财政性资金与非财政性资金无法分割采购的，统一适用政府采购法及政府采购实施条例。

采购是指以合同方式有偿取得货物、工程和服务的行为，包括购买、租赁、委托、雇用等。

货物是指各种形态和种类的物品，包括原材料、燃料、设备、产品等。

工程是指建设工程，包括建筑物和构筑物的新建、改建、扩建、装修、拆除、修缮等。

服务是指除货物和工程以外的其他政府采购对象。

从《中华人民共和国政府采购法》（2014年修正）、《中华人民共和国政府采购法实施条例》（2015年）对政府采购的定义或要求看，事业单位作为政府采购的三大主体之一，其政府采购经费来源包括财政拨款和自有资金。无论是采购货物（如科研事业单位开展研究必需的计算机、复印纸、办公家具等）、工程（如科研用房维修改造），还是服务（如科研事业单位必需的物业管理服务、印刷服务和云计算服务等），必须按照政府采购法的要求进行采购。通过实施政府采购活动，对政府采购过程进行规范和控制，可以有效防范政府采购过程中的舞弊行为和预防腐败，从而实现单位内部控制的目标。

10.3.2 政府采购当事人

《中华人民共和国政府采购法》（2014年修正）规定，政府采购当事人是指在政府采购活动中享有权利和承担义务的各类主体，包括采购人、供应商和采购代理机构等。

（1）采购人

采购人是指依法进行政府采购的国家机关、事业单位、团体组织。《中华人民共和国采购实施条例》（2015年）明确，在政府采购活动中，采购人员及相关人员与供应商有下列利害关系之一的，应当回避：

参加采购活动前3年内与供应商存在劳动关系，参加采购活动前3年内担任供应商的董事、监事，参加采购活动前3年内是供应商的控股股东或者实际控制人，与供应商的法定代表人或者负责人有夫妻、直系血亲、三代以内旁系血亲或者近姻亲关系，与供应商有其他可能影响政府采购活动公平、公正进行的关系。

（2）供应商

供应商是指向采购人提供货物、工程或者服务的法人、其他组织或者自然人。供应商参加政府采购活动应当具有独立承担民事责任的能力、良好的商业信誉和健全的财务会计制度、履行合同所必需的设备和专业技术能力、有依法缴纳税金和社会保障资金的良好记录，参加政府采购活动前三年内，在经营活动中没有重大违法记录等。

（3）采购代理机构

采购代理机构由集中采购机构和集中采购机构以外的采购代理机构组成。集中采购机构指设区的市、自治州以上人民政府根据本级政府采购项目组织集中采购的需要设立的机构。集中采购机构要求为非营利事业法人，如某某市政府采购中心、某某市某某区政府采购中心等。集中采购机构以外的采购代理机构，是从事采购代理业务的社会中介机构，社会中介机构应在政府采购管理系统完成注册并接受监督，如某某国际招标有限公司、某某工程招标有限公司、某某工程咨询有限公司、某某工程管理咨询有限公司等。

10.3.3 政府采购的分类

（1）政府采购的组织形式

政府采购的组织形式分为集中采购和分散采购。

集中采购，指采购人采购属于政府集中采购目录中的政府采购货物、工程或服务，委托政府集中采购机构代理采购的行为。

分散采购，指采购人将采购限额标准以上的未列入集中采购目录的货物、工程和服务，自行采购或者委托采购代理机构代理采购的行为。

（2）政府采购的方式

政府采购分为公开招标、邀请招标、竞争性谈判、单一来源采购、询价或其他采购方式。

① 公开招标采购，是指招标人（采购人或招标代理机构）以招标公告的方式邀请不特定的供应商（法人、其他组织或自然人）投标的采购方式。公开

招标是政府采购的主要采购方式。

② 邀请招标采购，是指采购人依法从符合相应资格条件的供应商中随机抽取3家以上供应商，并以投标邀请书的方式邀请其参加投标的采购方式。采用邀请招标方式采购的货物或者服务，应当符合下列情形之一：一是具有特殊性，只能从有限范围的供应商处采购的；二是采用公开招标方式的费用占政府采购项目总价值的比例过大的。

③ 竞争性谈判采购，指成立采购谈判小组，谈判小组至少与符合资格条件的3家供应商就采购货物、工程或服务进行谈判，最后从中确定中标供应商的一种采购方式。采用竞争性谈判方式采购货物或服务，应当符合下列情形之一：一是招标后没有供应商投标或者没有合格标的或者重新招标未能成立的；二是技术复杂或者性质特殊，不能确定详细规格或者具体要求的；三是采用招标所需时间不能满足用户紧急需要的；四是不能事先计算出价格总额的。

④ 单一来源采购，指采购人从某一特定供应商处采购货物、工程和服务的采购方式。符合下列情形之一的货物或者服务，可以采用单一来源方式采购：一是只能从唯一供应商处采购的；二是发生了不可预见的紧急情况不能从其他供应商处采购的；三是必须保证原有采购项目一致性或者服务配套的要求，需要继续从原供应商处添购，且添购资金总额不超过原合同采购金额百分之十的。

⑤ 询价采购，是指采购人向有关供应商发出询价单让其报价，在报价基础上进行比较并确定最优供应商的一种采购方式。采购的货物规格、标准统一、现货货源充足且价格变化幅度小的政府采购项目，可以采用询价方式采购。

10.3.4 政府采购控制目标

按照《内控规范》对政府采购控制的要求，主要有如表10-1所示控制目标。

表10-1 《内控规范》对政府采购业务的控制目标

序号	控制要素	具体要求
1	建立健全制度	单位应当建立健全政府采购预算与计划管理、政府采购活动管理、验收管理等政府采购内部管理制度
2	岗位设置	单位应当明确相关岗位的职责权限，确保政府采购需求制定与内部审批、招标文件准备与复核、合同签订与验收、验收与保管等不相容岗位分离
3	预算控制	单位应当加强对政府采购业务预算与计划的管理。建立预算编制、政府采购和资产管理等部门或岗位之间的沟通协调机制。根据本单位实际需求和相关标准编制政府采购预算，按照已批复的预算安排政府采购计划
4	采购管理	单位应当加强对政府采购活动的管理。对政府采购活动实施归口管理，在政府采购活动中建立政府采购、资产管理、财会、内部审计、纪检监察等部门或岗位相互协调、相互制约的机制。单位应当加强对政府采购申请的内部审核，按照规定选择政府采购方式、发布政府采购信息。对政府采购进口产品、变更政府采购方式等事项应当加强内部审核，严格履行审批手续
5	验收管理	单位应当加强对政府采购项目验收的管理。根据规定的验收制度和政府采购文件，由指定部门或专人对所购物品的品种、规格、数量、质量和其他相关内容进行验收，并出具验收证明
6	质疑投诉答复管理	单位应当加强对政府采购业务质疑投诉答复的管理。指定牵头部门负责、相关部门参加，按照国家有关规定做好政府采购业务质疑投诉答复工作
7	记录控制	单位应当加强对政府采购业务的记录控制。妥善保管政府采购预算与计划、各类批复文件、招标文件、投标文件、评标文件、合同文本、验收证明等政府采购业务相关资料。定期对政府采购业务信息进行分类统计，并在内部进行通报
8	保密管理	单位应当加强对涉密政府采购项目安全保密的管理。对涉密政府采购项目，单位应当与相关供应商或采购中介机构签订保密协议或者在合同中设定保密条款

10.4 政府采购的主要流程

政府采购的主要流程示意图如图10-2所示。

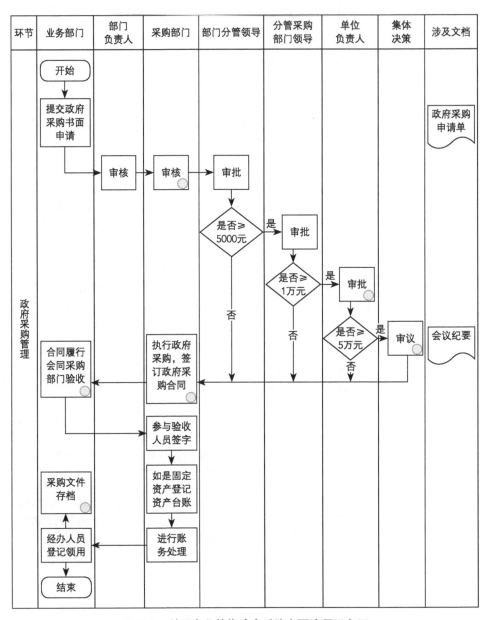

图10-2 科研事业单位政府采购主要流程示意图

10.5 政府采购的主要风险点及控制措施

表10-2总结了在政府采购环节，可能存在的风险点并给出控制措施，供参考使用。

表10-2 科研事业单位政府采购业务的主要风险点及控制措施

序号	控制环节	可能存在的风险点	控制措施
1	预算编制	未根据单位实际需求和相关规定编制政府采购预算，可能导致资产闲置或不足，造成资金浪费	各相关部门结合现有资产使用情况，合理提出本年度政府采购需求；加强预算编制与资产管理岗位沟通协调；必要时预算提请单位"三重一大"会议进行审议
2	预算编制	政府采购、资产管理和预算编制岗位间缺乏沟通协调，导致政府采购活动与业务活动相脱节	财务部门、采购部门加强与各相关部门之间的沟通协调，实现信息共享
3	计划安排	未按照批复的政府采购预算安排政府采购计划，政府采购计划不合理或未经恰当审批，可能导致政府采购执行混乱	各相关部门在上级主管部门批准的政府采购预算范围内，按要求提交政府采购计划；财务部门、采购部门审核各相关部门提交的政府采购计划
4	采购实施	未选择合理有效的政府采购方式，出现政府采购行为违反国家法律法规或单位规章制度等现象	严格按照国家及单位所在省市有关规定及单位相关制度执行政府采购，严格实行招标程序；确需采用集中政府采购之外其他采购方式的，应提供选取其他方式的理由和依据，并将相关资料送至采购部门备案
5	采购实施	未明确规定需招标的政府采购业务范围与招标的业务流程，不利于单位控制政府采购成本	各相关部门参加政府采购招标文件编制；招标文件完成后，需经各相关部门负责人及分管领导审核审批无误后，交由代理机构发布

续表

序号	控制环节	可能存在的风险点	控制措施
6	采购实施	未制定完善的政府采购评标流程，可能导致评标过程流于形式，可能会出现舞弊行为	各相关部门根据招标需要，组织相关人员组成评标小组，必要时委托招标代理机构进行招标； 评标小组根据需要制定评标方案，开展评标工作，确保评标工作合理、有效、公平
7	采购实施	竞争性谈判等政府采购流程缺失，可能导致政府采购价格不合理或质量低下，不能满足所在单位实际运行需求	严格按照《中华人民共和国政府采购法》及单位政府采购制度进行政府采购，并保留全过程记录
8	采购实施	政府采购定价机制不科学，定价方式选择不当，可能导致政府采购价格不合理，造成单位资金损失	各相关部门多方商定政府采购定价，明确记录询价过程、比价记录及定价意见
9	采购实施	未签订政府采购合同或签订合同不合理，可能导致双方权责不清，造成所在单位合法权益受到侵害	各相关部门负责与供应商签订合同； 涉密资产政府采购项目须由各相关部门与供应商或政府采购中介机构签订保密协议或在合同中设定保密条款
10	采购验收	验收"走过程"或造假，或故意放行不合格采购物品	根据政府采购组织形式确定验收方式； 组建验收小组进行验收； 财务部门根据验收结果办理资金支付手续
11	采购付款	延迟付款，拖欠中小企业等中标方款项，造成运行困难等问题； 未验收就提前支付款项，给单位造成资金风险	财务部门按采购合同要求，及时按进度付款。不得拖延或提前付款
12	质疑投诉处理	质疑投诉处理不及时，形成舆论	设立质疑投诉归口处理部门，及时启动响应机制，进行质疑投诉处理并在一定范围内公布结果
13	档案管理	未进行档案管理或管理混乱，档案前后不一致，无法进行档案使用	单位建立档案管理办法，按办法要求进行档案管理、归档

10.6 政府采购内部控制主要依据

① 《中华人民共和国政府采购法》（2014年修正）。
② 《中华人民共和国招标投标法》（2017年修正）。
③ 《政府采购竞争性磋商采购方式管理暂行办法》（财库〔2014〕214号）。
④ 《中华人民共和国政府采购法实施条例》（中华人民共和国国务院令第658号）（2015年）。
⑤ 《政府采购货物和服务招标投标管理办法》（中华人民共和国财政部令第87号）（2017年）。
⑥ 《政府采购促进中小企业管理办法》（财库〔2020〕46号）。
⑦ 《政府购买服务管理办法》（中华人民共和国财政部令第102号）（2020年）。
⑧ 科研事业单位所在地区关于政府采购的有关法律法规、相关规定等。

10.7 政府采购授权审批权限及不相容岗位分离表

（1）授权审批权限（见表10-3）

表10-3　科研事业单位政府采购授权审批权限示例

权限\审批人\事项	各相关部门	部门负责人	部门分管领导	分管采购领导	单位主要领导	"三重一大"决策会议
政府采购申请审批	申请	审核	审批	审批	审批	审议
执行政府采购	执行、验收	—	—	—	—	—

（2）不相容岗位分离建议表（见表10-4）

表10-4　科研事业单位政府采购业务不相容岗位分离示例

业务环节	业务职能	政府采购预算编制	政府采购预算审批	政府采购计划编制	政府采购计划审批	招标文件编制	招标文件审批	政府采购验收	政府采购物资保管	货款支付申请	货款支付申请审批
政府采购预算与计划	政府采购预算编制		×		×						
	政府采购预算审批			×							
	政府采购计划编制				×						
	政府采购计划审批										
招标管理	招标文件编制						×				
	招标文件审批										
	政府采购验收								×		
	政府采购物资保管										
	货款支付申请										×
	货款支付申请审批										

10.8 需要关注的问题

10.8.1 准确把握政府购买服务相关政策

（1）政府购买服务定义

2020年1月，财政部发布《政府购买服务管理办法》（中华人民共和国财政部第102号）（以下简称《办法》），明确政府购买服务，是指各级国家机关将属于自身职责范围且适合通过市场化方式提供的服务事项，按照政府采购方式和程序，交由符合条件的服务供应商承担，并根据服务数量和质量等因素向其支付费用的行为。《办法》同时明确，承担行政职能的事业单位使用财政性资金购买服务的，参照该办法执行。

在鼓励政府购买服务的同时,《办法》同时明确了六项服务不得纳入政府购买服务,主要有:

① 不属于政府职责范围的服务事项;

② 应当由政府直接履职的事项;

③ 政府采购法律、行政法规规定的货物和工程,以及将工程和服务打包的项目;

④ 融资行为;

⑤ 购买主体的人员招、聘用,以劳务派遣方式用工,以及设置公益性岗位等事项;

⑥ 法律、行政法规以及国务院规定的其他不得作为政府购买服务内容的事项。

(2)政府购买服务相关政策梳理

① 2013年9月,国务院办公厅发布《关于政府向社会力量购买服务的指导意见》(国办发〔2013〕96号),确定政府购买服务的基本原则、基本制度、基本方向。

② 2013年12月,财政部印发《关于做好政府购买服务工作有关问题的通知》(财综〔2013〕111号),对国办发〔2013〕96号文件进行解读。

③ 2014年1月,财政部印发《关于政府购买服务有关预算管理问题的通知》(财预〔2014〕13号)。

④ 2014年4月,财政部出台《关于推进和完善服务项目政府采购有关问题的通知》(财库〔2014〕37号),将购买服务内容大致分为三类。第一类为保障政府部门自身正常运转需要向社会购买的服务,如公文印刷、物业管理、公车租赁、系统维护等。第二类为政府部门为履行宏观调控、市场监管等职能需要向社会购买的服务,如法规政策、发展规划、标准制定的前期研究和后期宣传、法律咨询等。第三类为增加国民福利、受益对象特定,政府向社会公众提供的公共服务,包括:以物为对象的公共服务,如公共设施管理服务、环境服务、专业技术服务等;以人为对象的公共服务,如教育、医疗卫生和社会服务等。

⑤ 2014年4月,财政部联合多部门印发《关于做好政府购买残疾人服务试点工作的意见》(财社〔2014〕13号)。

⑥ 2014年8月,财政部、国家发改委等联合印发《关于做好政府购买养老

服务工作的通知》（财社〔2014〕105号）。

⑦ 2014年11月，财政部、民政部印发《关于支持和规范社会组织承接政府购买服务的通知》（财综〔2014〕87号），扩大政府购买服务承接主体范围，将"社会组织"改为"社会力量"。

⑧ 2014年12月，财政部、民政部、工商总局联合印发《政府购买服务管理办法（暂行）》（财综〔2014〕96号），提出了谁来买、向谁买、买什么、怎么买、怎么评估的五方面内容。

⑨ 2020年1月，财政部发布《政府购买服务管理办法》（中华人民共和国财政部第102号），财综〔2014〕96号废止。

部分科研事业单位，可能在从事职责范围内的科研工作同时，也承担部分行政职能。这些事业单位在开展政府采购服务时，应注意两个方面：一是不得采购政府赋予的职责范围之外的服务，这个不难理解，即事业单位法人证书职责之外的服务不得采购。二是不得将应由本单位履职的事项进行采购，即事业单位法人证书职责范围之内的服务，都应该由本单位提供。目前很多省市都在开展政府购买服务领域不担当不作为问题专项整治工作。科研事业单位还是应积极履职尽责，担当作为，不得将自己的职责和工作通过政府购买服务方式外包。

10.8.2 面向中小企业的政府采购

2020年12月，财政部、工业和信息化部发布《政府采购促进中小企业管理办法》（财库〔2020〕46号）（以下简称《办法》）。《办法》要求，采购人在政府采购活动中应当通过加强采购需求管理，落实预留采购份额、价格评审优惠、优先采购等措施，提高中小企业在政府采购中的份额，支持中小企业发展。具体要求为：

（1）编制面向中小企业的采购预算

《办法》明确，主管预算单位应当组织评估本部门及所属单位政府采购项目，统筹制定面向中小企业预留采购份额的具体方案，对适宜由中小企业提供的采购项目和采购包，预留采购份额专门面向中小企业采购，并在政府采购预算中单独列示。

（2）面向中小企业预留采购份额

《办法》明确，采购限额标准以上，200万元以下的货物和服务采购项目、400万元以下的工程采购项目，适宜由中小企业提供的，采购人应当专门面向中小企业采购。超过200万元的货物和服务采购项目、超过400万元的工程采购项目中适宜由中小企业提供的，预留该部分采购项目预算总额的30%以上专门面向中小企业采购，其中预留给小微企业的比例不低于60%。

一些科研事业单位在编制政府采购预算过程中，未按要求面向中小企业预留采购份额。一是不符合《政府采购促进中小企业管理办法》要求，未落实财政部等部门支持中小企业发展的相关政策；二是在实际采购过程中，因所采购的份额或数量较少，很少有大企业提供货物、工程和服务，几乎都是中小企业提供，导致当年度采购不到相关的货物、工程和服务，影响科研事业单位各项工作开展。因此，科研事业单位在组织编制政府采购预算过程中，一定要面向中小企业，预留采购份额，避免在采购过程中面临无货物、工程和服务可采购现象发生。

10.8.3 对政府采购预算资金的把握

《中华人民共和国政府采购法》（2014年修正）对政府采购的定义是，各级国家机关、事业单位和团体组织，使用财政性资金采购依法制定的集中采购目录以内的或者采购限额标准以上的货物、工程和服务的行为。《中华人民共和国政府采购法实施条例》（中华人民共和国国务院令第658号）（2015年）第二条规定，政府采购法第二条所称财政性资金是指纳入预算管理的资金。以财政性资金作为还款来源的借贷资金，视同财政性资金。国家机关、事业单位和团体组织的采购项目既使用财政性资金又使用非财政性资金的，使用财政性资金采购部分，适用《中华人民共和国政府采购法》和《中华人民共和国政府采购法实施条例》；财政性资金与非财政性资金无法分割采购时，统一适用《中华人民共和国政府采购法》和《中华人民共和国政府采购法实施条例》。

按照《中华人民共和国预算法》（2018年修正）要求，科研事业单位所有资金都应纳入预算。对部分科研事业单位，除了财政性资金外，还有事业收入、上级补助收入、附属单位上缴收入、经营收入和其他收入等。在政府采购过程中，还是应将各类资金全部纳入预算，按照《中华人民共和国政府采购法》和《中华人民共和国政府采购法实施条例》进行政府采购活动。

第 11 章

资产控制

11.1 案例分析

案例名称： 加强固定资产管理，固定资产有了"电子身份证"

"没想到用手机简单扫一下这个二维码，就能看到这个桌子是啥时候买的、多少钱等信息，这还是头回见。"11月16日，刚刚在某县政务中心开完会的马某笑着和同事说。

马某口中的"二维码"，是某县国有资产管理局对全县行政事业单位固定资产制作的"电子身份证"，用手机对准它轻轻一扫，可随时准确知晓固定资产的所属单位、资产编号、资产名称、资产价值、购置日期、使用部门等基本信息，做到了国有资产"来源清，去向明"，真正实现了对国有资产入口和出口的全程跟踪管理。

据了解，去年该县对行政事业单位办公设备、专用设备、家具用具等易损固定资产进行了全面清理盘点，与资产实物逐项进行对照核实，摸清了"家底"。今年，他们利用信息化手段对已核查的国有资产，无论是新置的办公桌椅，还是"超龄掉牙"的电脑，逐一录入了固定资产管理"数据库"，开展二维码标识，这在某县固定资产管理工作中系首次使用。

案例分析： 在该案例中，某县利用信息化手段，建立固定资产数据信息库，对本县固定资产逐一进行身份登记，让每一件固定资产都拥有"身份信息"，实现了资产的全面、动态、实时监管。既方便了对资产的盘点，又有利于将资产管理落实到部门或个人，确保资产的安全和完整，降低了固定资产丢失、损毁等资产控制风险。

11.2 资产内部控制建设路径

资产内部控制建设路径如图11-1所示。

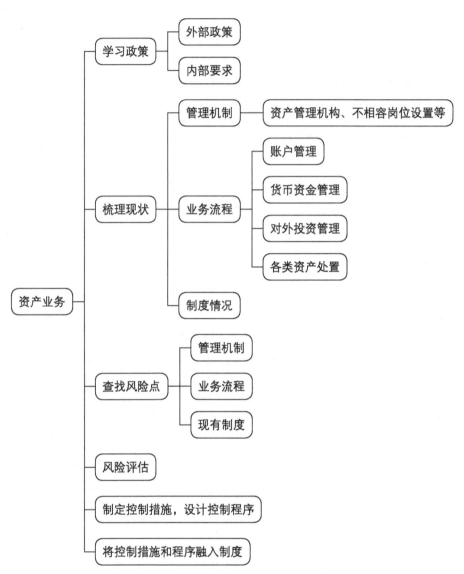

图11-1 科研事业单位资产内部控制建设路径

第一，学习政策，涉及三个重点方向。一是学习《行政事业性国有资产管理条例》（国务院令第738号）、《事业单位国有资产管理暂行办法》（中华人民共和国财政部令第36号）、《事业单位财务规则》（中华人民共和国财政部令第108号）等上位制度对资产控制的要求；二是学习科研事业单位所在省市或地区、主管部门对资产控制的要求；三是要了解本单位资产控制的要求。内部控制建设的适应性原则要求，适应单位实际的资产控制才是最好的。单位的资产控制不可能与上位制度"上下一般粗",也不可能与上位政策相抵触。

第二,梳理现状,涉及三个重点方向。一是梳理单位资产管理机制,是否设立资产管理归口部门、设置资产管理不相容岗位并配备相关人员等。二是逐一梳理流动资产、固定资产、无形资产的管理、使用与处置等环节,特别是梳理关键点的控制情况。三是梳理单位现行制度建设情况,如有无资产管理制度。如无制度,则应按照梳理的风险情况和内部控制要求尽快制定制度;如有制度,应梳理与上位制度的衔接情况,梳理是否与正在执行的制度有抵触的地方并进行完善。

第三,查找风险点。结合政策学习和现状梳理情况,按照内部控制规范的重要性原则,特别要对资产管理的关键环节、关键点位查找可能存在的风险。如资产处置有无流程,是否存在随意处置的风险?本着"谨小慎微"的原则,不要担心梳理的风险点过多。此环节只需梳理风险点,并形成风险清单。依据风险清单,哪些风险需要采取什么措施,是风险评估后才能决定的事情。

第四,风险评估。依据风险清单,由风险评估小组结合单位实际,进行风险评估。并依据风险评估的情况,提出切合实际的风险应对措施或控制程序建议。

第五,制定控制措施,设计控制程序。内部控制建设牵头部门依据风险评估结果,针对资产管理过程中某个流程的某个或某几个风险点,形成合理可行的风险应对措施或控制程序建议。例如针对银行账户管理的风险,可以制定财务部门提出账户开立(变更、注销)申请—财务部门负责人审核—分管财务领导审核—提请单位"三重一大"集体决策程序审议—上报上级主管部门审批—办理开立(变更、注销)手续—同级财政部门备案等程序,降低资产管理风险。

第六,将控制措施和程序融入制度。汇总第五步形成的全部控制措施或控制程序,分门别类从总则、银行存款管理、支票管理、公务卡管理、网银管理、现金管理、往来账款管理、附则等方面制定资金管理制度;从总则、固定资产管理部门及职责、固定资产定义、计价及折旧、固定资产新增管理、固定资产使用管理、固定资产处置、固定资产盘点和清查、监督检查和责任、附则等方面制定固定资产管理办法;从总则、管理部门及职责、无形资产确认计价及摊销、无形资产新增、监督检查和责任、附则等方面制定无形资产管理办法等。

11.3 资产控制概述

11.3.1 资产的定义

资产是科研事业单位正常履行职责和开展相关科研研究活动的物质基础，是指单位依法直接支配的各类经济资源。单位的资产包括流动资产、固定资产、在建工程、无形资产、对外投资、公共基础设施、政府储备物资、文物文化资产、保障性住房等。

11.3.2 资产的分类

流动资产，指可以在一年以内变现或者耗用的资产，包括现金、各种存款、应收及预付款项、存货等。存货是指科研事业单位在开展业务活动及其他活动中为耗用或出售而储存的资产，包括材料、燃料、包装物和低值易耗品以及未达到固定资产标准的用具、装具、动植物等。

固定资产，指使用期限超过一年，单位价值在1000元以上，并在使用过程中基本保持原有物质形态的资产。单位价值虽未达到规定标准，但是耐用时间在一年以上的大批同类物资，作为固定资产管理。

在建工程，指已经发生必要支出，但尚未达到交付使用状态的建设工程。在建工程达到交付使用状态时，应当按照规定办理工程竣工财务决算和资产交付使用，期限最长不得超过1年。

无形资产是指不具有实物形态而能为使用者提供某种权利的资产，包括专利权、商标权、著作权、土地使用权、非专利技术以及其他财产权利。

对外投资是指科研事业单位依法利用货币资金、实物、无形资产等方式向其他单位的投资。

《政府会计制度——行政事业单位会计科目和报表》（财会〔2017〕25号），对财务会计科目中资产进行了分类，具体如表11-1所示。

表11-1 财务会计科目中资产分类

序号	科目编号	科目名称
1	1001	库存现金
2	1002	银行存款
3	1011	零余额账户用款额度
4	1021	其他货币资金
5	1101	短期投资
6	1201	财政应返还额度
7	1211	应收票据
8	1212	应收账款
9	1214	预付账款
10	1215	应收股利
11	1216	应收利息
12	1218	其他应收款
13	1219	坏账准备
14	1301	在途物品
15	1302	库存物品
16	1303	加工物品
17	1401	待摊费用
18	1501	长期股权投资
19	1502	长期债券投资
20	1601	固定资产
21	1602	固定资产累计折旧
22	1611	工程物资
23	1613	在建工程
24	1701	无形资产

续表

序号	科目编号	科目名称
25	1702	无形资产累计摊销
26	1703	研发支出
27	1801	公共基础设施
28	1802	公共基础设施累计折旧（摊销）
29	1811	政府储备物资
30	1821	文物文化资产
31	1831	保障性住房
32	1832	保障性住房累计折旧
33	1891	受托代理资产
34	1901	长期待摊费用
35	1902	待处理财产损溢

按照《内控规范》要求，重点介绍货币资金、实物资产、无形资产和对外投资的控制。

（1）货币资金

货币资金是科研事业单位在推动事业发展、开展经济活动过程中处于货币形态的资金。按其形态和用途不同，可分为库存现金、银行存款、其他货币资金。库存现金是存放于科研事业单位财务部门，由出纳人员经管的货币，是流动性最强的资产。银行存款是科研事业单位存放在金融机构的货币资金；其他货币资金是指除库存现金、银行存款以外的货币资金，包括科研事业单位的外埠存款、信用卡存款、银行汇票存款、银行本票存款、信用卡存款、信用卡保证金存款以及存出投资款等。此外，科研事业单位的财政零余额账户用款额度也是货币资金的重要组成部分。

（2）实物资产

从会计角度讲，实物资产主要包括存货和固定资产等。

存货是指政府会计主体在开展业务活动及其他活动中为耗用或出售而储存的资产，如材料、产品、包装物和低值易耗品等，以及未达到固定资产标准的用具、装具、动植物等。存货确认，应同时满足以下条件：一是与该存货相关的服务潜力很可能实现或者经济利益很可能流入政府会计主体；二是该存货的成本或者价值能够可靠地计量。

固定资产是指政府会计主体为满足自身开展业务活动或其他活动需要而控制的，使用年限超过1年（不含1年）、单位价值在规定标准以上，并在使用过程中基本保持原有物质形态的资产，一般包括房屋及构筑物、专用设备、通用设备等。固定资产确认，应同时满足下列条件：一是与该固定资产相关的服务潜力很可能实现或者经济利益很可能流入政府会计主体；二是该固定资产的成本或者价值能够可靠地计量。

（3）无形资产

无形资产是指政府会计主体控制的没有实物形态的可辨认非货币性资产，如专利权、商标权、著作权、土地使用权、非专利技术等。资产满足下列条件之一的，符合无形资产定义中的可辨认性标准：一是能够从政府会计主体中分离或者划分出来，并能单独或者与相关合同、资产或负债一起，用于出售、转移、授予许可、租赁或者交换；二是源自合同性权利或其他法定权利，无论这些权利是否可以从政府会计主体或其他权利和义务中转移或者分离。

当无形资产同时满足下列条件时，应予以确认：一是与该无形资产相关的服务潜力很可能实现或者经济利益很可能流入政府会计主体；二是该无形资产的成本或者价值能够可靠地计量。政府会计主体在判断无形资产的服务潜力或经济利益是否很可能实现或流入时，应当对无形资产在预计使用年限内可能存在的各种社会、经济、科技因素做出合理估计，并且应当有确凿的证据支持。

（4）对外投资

对外投资是指政府会计主体按规定以货币资金、实物资产、无形资产等方式形成的债权或股权投资。投资分为短期投资和长期投资。短期投资，是指政府会计主体取得的持有时间不超过1年（含1年）的投资。长期投资，是指政府会计主体取得的除短期投资以外的债权和股权性质的投资。

11.3.3 资产业务控制目标

按照《内控规范》对资产管理控制的要求，主要有表11-2所示控制目标。

表11-2 《内控规范》对资产业务的控制目标

序号	控制要素	具体要求
1	制度建设	单位应当对资产实行分类管理，建立健全资产内部管理制度
2	岗位设置	单位应当建立健全货币资金管理岗位责任制，合理设置岗位，不得由一人办理货币资金业务的全过程，确保不相容岗位相互分离。 出纳不得兼管稽核、会计档案保管和收入、支出、债权、债务账目的登记工作。 严禁一人保管收付款项所需的全部印章。财务专用章应当由专人保管，个人名章应当由本人或其授权人员保管。负责保管印章的人员要配置单独的保管设备，并做到人走柜锁。 按照规定应当由有关负责人签字或盖章的，应当严格履行签字或盖章手续。 对外投资的可行性研究与评估、对外投资决策与执行、对外投资处置的审批与执行等不相容岗位相互分离
3	账户管理	单位应当加强对银行账户的管理，严格按照规定的审批权限和程序开立、变更和撤销银行账户
4	货币资金控制	指定不办理货币资金业务的会计人员定期和不定期抽查盘点库存现金，核对银行存款余额，抽查银行对账单、银行日记账及银行存款余额调节表，核对是否账实相符、账账相符。对调节不符、可能存在重大问题的未达账项应当及时查明原因，并按照相关规定处理
5	实物资产、无形资产控制	单位应当加强对实物资产和无形资产的管理，明确相关部门和岗位的职责权限，强化对配置、使用和处置等关键环节的管控。 ——对资产实施归口管理。 ——明确资产的调剂、租借、对外投资、处置的程序、审批权限和责任。 ——加强资产的实物管理。 ——建立资产管理系统
6	对外投资管理	单位对外投资，应当由单位领导班子集体研究决定。 加强对投资项目的追踪管理，及时、全面、准确地记录对外投资的价值变动和投资收益情况。 建立责任追究制度。对在对外投资中出现重大决策失误、未履行集体决策程序和不按规定执行对外投资业务的部门及人员，应当追究相应的责任

11.4 资产业务的主要流程

11.4.1 银行存款管理流程

银行存款管理流程示意图如图11-2所示。

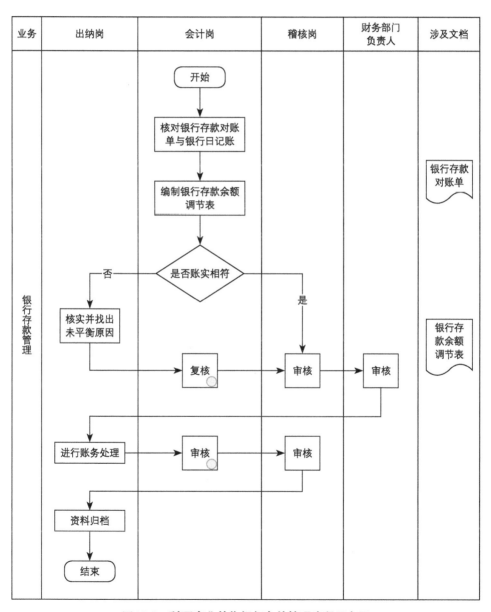

图11-2 科研事业单位银行存款管理流程示意图

11.4.2 银行账户管理流程

银行账户管理流程示意图如图11-3所示。

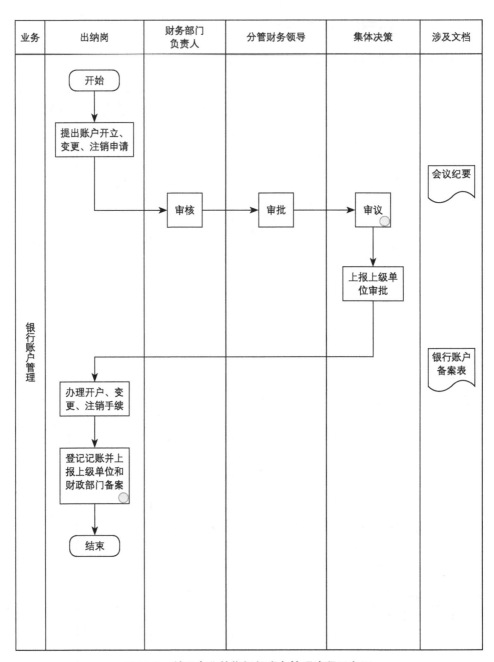

图11-3 科研事业单位银行账户管理流程示意图

11.4.3 资产配置管理流程

资产配置管理流程示意图如图11-4所示。

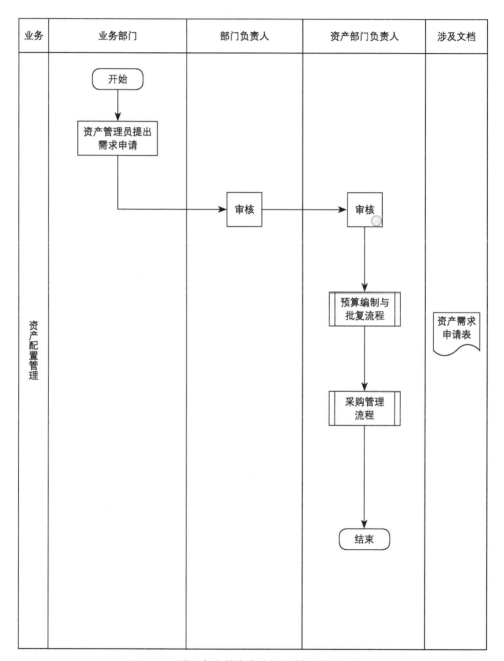

图11-4 科研事业单位资产配置管理流程示意图

11.4.4 资产盘点管理流程

资产盘点管理流程示意图如图11-5所示。

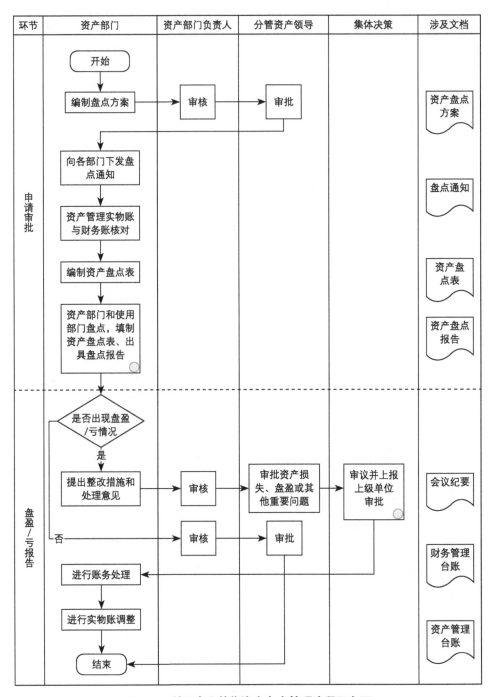

图11-5 科研事业单位资产盘点管理流程示意图

11.4.5 资产处置管理流程

资产处置管理流程示意图如图11-6所示。

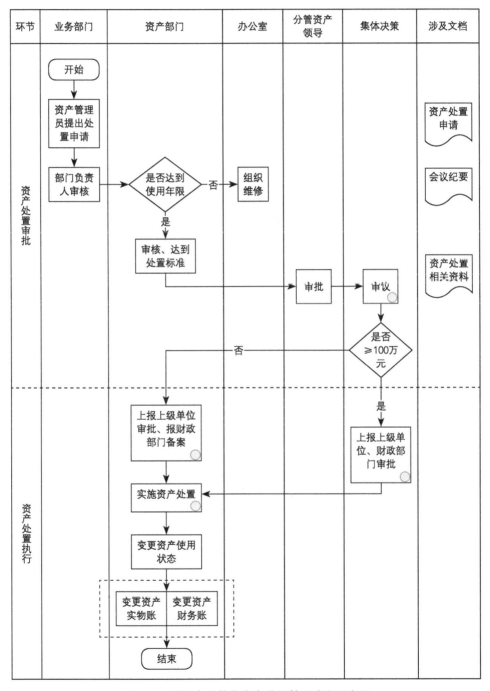

图11-6 科研事业单位资产处置管理流程示意图

11.4.6 对外投资流程

对外投资流程如图11-7所示。

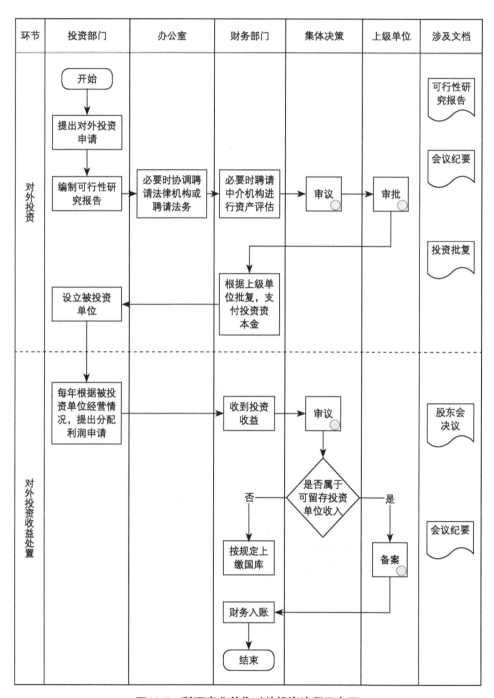

图11-7 科研事业单位对外投资流程示意图

资产控制 第 11 章

11.5 资产业务的主要风险点及控制措施

资产业务的主要风险及控制措施见表11-3。

表11-3 科研事业单位资产业务可能存在的风险点和控制措施

序号	控制环节	可能存在的风险点	控制措施
1	货币资金管理	银行账户开立、销户变更及日常管理不当,可能导致资金被挪用或存在贪污风险	财务部门对银行账户开户、销户情况进行记录,定期与银行核对;对已开立未使用或长期不使用的账户及时做出销户处理;银行预留印鉴由不同人员保管
2	货币资金管理	不相容职务未予相互分离,可能导致产生货币资金被挪用或存在贪污风险	不得由一人办理货币资金业务的全过程;严禁一人保管收付款项所需的全部印章;出纳不得兼任稽核、会计档案保管和收入、支出、债权、债务账目的登记工作
3	货币资金管理	资金核查不力,缺乏有效监督,导致可能产生货币资金被挪用或存在贪污风险	加强银行对账管理,指定不办理货币资金业务的会计人员核对银行存款余额,抽查银行对账单、银行日记账及银行存款余额调节表;定期进行资金核查,对发现问题及时整改,堵塞管理漏洞
4	资产验收	资产验收流程不合理,可能导致资产的质量和数量不符合要求,影响资产使用效率	资产自送达时,即进行验收并出具验收单或验收报告,参与验收人员签字确认,验收合格后方可投入使用;对验收不合格的,各相关部门进行退货、索赔或返工
5	资产登记入账	未对资产进行恰当编号和登记,可能导致资产入账信息不完整	资产管理部门建立资产台账,列明资产编号、名称、种类、所在地点、使用部门、负责人、使用年限等内容;资产管理部门按要求进行资产卡片管理,详细记录各类资产来源、验收情况、使用地点、责任人、维护情况、增减变动情况等

续表

序号	控制环节	可能存在的风险点	控制措施
6	资产使用	资产保管不善，操作不当等，可能导致资产被盗或发生损坏	各部门设置资产管理员，资产管理责任落实到人； 各部门资产管理员发现资产丢失、报废、毁损、短缺或其他不能正常使用的情况，应及时向资产管理部门汇报
7	资产使用	资产长期闲置，造成资产使用效率低下，资源浪费	由资产管理部门统计长期闲置、低效运转的资产，进行部门间统一调配
8	资产盘点	缺乏有效的资产记录和清查盘点机制，可能导致产生账外资产、资产流失、资产信息失真、账实不符等现象	资产管理部门组织各部门资产管理员每年对单位资产至少盘点一次； 资产清查盘点工作完成后形成盘点报告，由相关工作人员签字确认； 清查盘点中发现的问题须及时报告并进行账务处理
9	资产处置	对资产处置没有严格执行审核审批程序，未按照国家有关规定执行，可能存在舞弊的风险，造成处置损失	资产处置经单位"三重一大"会议审议后执行； 资产处置按规定进行资产评估或技术鉴定； 资产处置收益按规定上缴； 财务部门对处置的资产及时进行记录并进行账务处理
10	对外投资	未经过可行性论证和集体审议对外投资失误，造成资金损失	投资之前，开展可行性研究或邀请法务人员对投资进行把关

11.6 资产业务内部控制主要依据

① 《行政事业性国有资产管理条例》（国务院令第738号）。

② 《事业单位财务规则》（中华人民共和国财政部令第108号）。

③ 《事业单位国有资产管理暂行办法》（财政部令第36号）。

④ 《行政事业单位资产清查核实管理办法》（财资〔2016〕1号）。

⑤ 《政府会计准则第1号——存货》（财会〔2016〕12号）。

⑥《政府会计准则第2号——投资》(财会〔2016〕12号)。
⑦《政府会计准则第3号——固定资产》(财会〔2016〕12号)。
⑧《政府会计准则第4号——无形资产》(财会〔2016〕12号)。
⑨ 科研事业单位所在地区关于资产管理的有关规定。

11.7 资产审批权限及不相容岗位分离表

(1) 授权审批权限(见表11-4)

表11-4 科研事业单位资产审批权限示例

事项 / 权限	审批人	各相关部门	部门负责人	资产部门	分管资产领导	"三重一大"议事决策
货币资金	银行账户的开立与撤销	—	—	申请审核	审核	审议
实物资产	资产配置	申请	审核	审核	—	—
	资产处置	申请	审核	审核	审核	审议

(2) 不相容岗位分离建议表(见表11-5、表11-6)

表11-5 科研事业单位货币资金业务不相容岗位分离示例

业务环节	业务职能	货币资金支付审批	货币资金保管	货币资金清查盘点	货币资金会计记录	货币资金审计监督
货币资金管理	货币资金支付审批		X			
	货币资金保管			X		
	货币资金清查盘点				X	
	货币资金会计记录					X
	货币资金审计监督					

表11-6 科研事业单位资产业务不相容岗位分离示例

业务环节	业务职能	资产购置申请	资产购置审批	资产相关验收	资产定期盘点	资产处置申请	资产处置审批
资产管理	资产购置申请		X				
	资产购置审批			X			
	资产相关验收				X		
	资产定期盘点						
	资产处置申请						X
	资产处置审批						

11.8 需要关注的问题

（1）加强银行账户管理

科研事业单位发生货币资金被挪用、贪污、出借、转走等问题，多数情况都跟单位对银行账户的管理不严相关联。以单位开立银行账户为例，部分科研事业单位在开立银行账户时，未按要求选取备选银行，也未进行集体决策程序，对资金存放主体的主要领导干部、分管资金存放业务的领导干部以及相关业务部门负责人未实行利益回避制度，在账户开立阶段就存有隐患。还有的科研事业单位，在银行完成开户后，未及时到财政部门备案，导致账户不在监管之中。

为加强资金监管，科研事业单位应按照"见人、见账、见物"的原则加强账户核查，由出纳以外的人员，如分管财务领导或财务部门负责人定期到银行打印单位全部银行账户开户信息、及时核对网上银行信息、对账单，确保账实相符。同时应强化资金流出全过程动态监控。对一定额度以上的支付款项，设置银行动账提醒，将每笔付款信息发送至单位相关领导或部门负责人。额度特别大的资金支出，还应结合当地对资金集中监管的要求，接受财政部门或主管部门的监管。

（2）加强固定资产管理

为了便于相关科研事业的开展，每个科研事业单位或多或少都要配置固定资产，少则几十件，多则几千件甚至上万件。对固定资产较少的单位，肉眼可见的范围内基本就可以实现管理，问题不会太多。对固定资产特别多的单位，可以利用一些固定资产管理软件或固定资产信息化管理平台进行管理。对一些特别大的科研装置、办公家具或办公电脑等固定资产，由于不便于移动，所以相对好管理。日常管理中，不太好管理的是笔记本电脑、移动硬盘等便携式固定资产，这些资产由于便于携带和移动，给固定资产管理带来一定困难；还有就是一些容易损坏的椅子凳子等固定资产，经常在损坏后，被相关使用人员一扔了之。因此，在固定资产日常管理过程中，资产管理部门更应重视便携式和易坏损固定资产管理。如通过制定固定资产管理办法，限定笔记本电脑等便携式资产的使用场所等手段加强管理；加强对固定资产使用者的培训，明确除了固定资产管理归口部门外，任何人不得随意丢弃、处置固定资产，同时应明确相关的处罚措施。

（3）加强对外投资管理

一是按政策要求开展对外投资。2019年，财政部发布《财政部关于修改<事业单位国有资产管理暂行办法>的决定》（中华人民共和国财政部令第100号），明确"事业单位利用国有资产对外投资、出租、出借和担保等应当进行必要的可行性论证，并提出申请，经主管部门审核同意后，报同级财政部门审批。法律、行政法规和本办法第五十六条另有规定的，依照其规定。"第五十六条的规定是"国家设立的研究开发机构、高等院校对其持有的科技成果，可以自主决定转让、许可或者作价投资，不需报主管部门、财政部门审批或者备案，并通过协议定价、在技术交易市场挂牌交易、拍卖等方式确定价格。通过协议定价的，应当在本单位公示科技成果名称和拟交易价格。"有的省市则明确，除国家有特殊规定外，公益一类事业单位不得对外投资及设立或参股企业。因为，科研事业单位在开展对外投资时，应按照所在地区要求、结合单位实际情况，开展对外投资。

二是加强对投资收益的管理。有的科研事业单位在对外投资及设立或参股企业后，对企业经营情况不闻不问，长期不向所投资企业收取收益，造成科研事业单位投资长期无收益情况发生。有的科研事业单位，未按照《事业单位财务规则》（中华人民共和国财政部令第108号）要求将投资收益纳入单位预算，形成预算外收入。还有的省市，对国有资本投资收益申报和上缴情况都做了详细规定，科研事业单位应按照相关政策要求，加强对国有资本投资收益管理。

第 12 章

建设项目控制

第 12 章 建设项目控制

12.1 案例分析

案例名称： 某单位党组书记、局长违规干预建设项目工程招投标

2011年至2013年，郑某在担任某市某区卫生局党组书记、局长期间，利用职务上的便利，在某区安置区工程项目招投标过程中，为建筑商人匡某给负责招投标的相关人员打招呼，匡某采用串标、围标的方式以某建设公司的名义中标该项目第一标段。郑某收受匡某财物，数额巨大，犯受贿罪。郑某还存在其他违纪违法问题。2018年1月，郑某受到开除党籍、开除公职处分，2018年4月，被司法机关判处有期徒刑三年六个月，并处罚金人民币30万元。2019年6月，匡某犯行贿罪，被司法机关判处有期徒刑三年，缓刑四年，并处罚金人民币10万元。

案例分析： 该建筑项目在招投标环节出现串通、暗箱操作和商业贿赂等舞弊行为，某建设公司违规中标。因未经公开公正的评标，某建设公司未必具有实施某安置区工程项目的资质和能力，所承建项目可能存在隐患。

12.2 建设项目内部控制建设路径

建设项目内部控制建设路径如图12-1所示。

第一，学习政策，涉及三个重点方向。一是学习《中华人民共和国建筑法》（2019年）、《建设项目管理条例》（2017年）等上位制度对建设项目控制的要求；二是学习科研事业单位所在省市或地区、主管部门对建设项目管理的要求；三是要了解本单位建设项目管理的要求。内部控制建设的适应性原则要求，适应单位实际的建设项目管理才是最好的。单位的建设项目管理不可能与上位制度"上下一般粗"，也不可能与上位政策相抵触。

第二，梳理现状，涉及三个重点方向。一是梳理单位建设项目管理机制，是否设立建设项目管理归口部门、设置建设项目管理不相容岗位并配备相关人员等。二是逐一梳理建设项目立项、工程设计与概预算、工程招标、工程建设、竣工决策等环节，特别是梳理关键点的控制情况。三是梳理单位现行制度

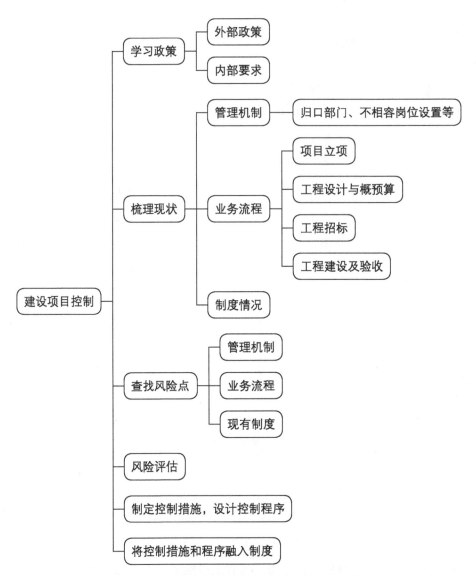

图12-1 科研事业单位建设项目内部控制建设路径

建设情况，如有无建设项目管理制度。如无制度，则应按照梳理的风险情况和内部控制要求尽快制定制度；如有制度，应梳理与上位制度的衔接情况，梳理是否与正在执行的制度有抵触的地方并进行完善。

第三，查找风险点。结合政策学习和现状梳理情况，按照内部控制规范的重要性原则，特别要对建设项目管理的关键环节、关键点位查找可能存在的风险。如建设项目决策有无风险，是否符合《机关团体建设楼堂馆所管理条例》

要求？招标过程有无风险？工程变更有无程序？资金结算环节有无风险？本着"谨小慎微"的原则，不要担心梳理的风险点过多。此环节只需梳理风险点，并形成风险清单。依据风险清单，哪些风险需要采取什么措施，是风险评估后才能决定的事情。

第四，风险评估。依据风险清单，由风险评估小组结合单位实际，进行风险评估。并依据风险评估的情况，提出切合实际的风险应对措施或控制程序建议。

第五，制定控制措施，设计控制程序。内部控制建设牵头部门依据风险评估结果，针对建设项目管理过程中某个流程的某个或某几个风险点，形成合理可行的风险应对措施或控制程序建议。例如针对建设项目实施过程中频繁变更施工内容带来的风险，可以在合同签订过程中，尽量做到各方职责明确、表述严谨。同时应建立合同变更的机制或管理办法，严格变更审查和审批程序，降低建设项目管理风险。

第六，制定制度。汇总第五步形成的全部控制措施或控制程序，分门别类从总则、建设项目立项管理、概预算管理、设计管理、招投标管理、施工管理、竣工验收管理、决算管理、资金管理、档案管理、附则等方面制定建设项目管理办法等。

12.3 建设项目控制概述

《中华人民共和国建筑法》（2019年修正）规定，"建筑活动，是指各类房屋建筑及其附属设施的建造和与其配套的线路、管道、设备的安装活动。"《中华人民共和国政府采购法》（2019年修正）规定，"本法所称工程，是指建设工程，包括建筑物和构筑物的新建、改建、扩建、装修、拆除、修缮等。"

综上，我们可以认为，建设项目指科研事业单位自行或委托其他单位进行的建造（包括新建、改建、扩建、修缮等）与安装活动，包括建造房屋及建筑物、基础设施建设、大型修缮等。

(1)建设项目划分

建设项目可分为科研事业单位自行或委托其他单位进行的建造,包括新建、改建、扩建。

根据工程设计要求以及编审建设预算、制定计划、统计、会计核算的需要,建设项目一般划分为单项工程、单位工程、分部工程及分项工程,如表12-1所示。

表12-1 建设项目分类表

序号	分类	说明	备注
1	单项工程	一般是指有独立设计文件,建成后能独立发挥效益或生产设计规定产品的车间、生产线或独立工程等	—
2	单位工程	是单项工程中具有独立施工条件的工程,是单项工程的组成部分	如工业建设中一个车间是一个单项工程,车间的厂房建筑是一个单位工程,车间的设备安装又是一个单位工程
3	分部工程	是单位工程的组成部分,是按建筑安装工程的结构、部位或工序划分的	如一般房屋建筑可分为土方工程、打桩工程、砖石工程、混凝土工程、装饰工程等
4	分项工程	是对分部工程的再分解,指在分部工程中能用较简单的施工过程生产出来,并能适当计量和估价的基本构造	如砖石工程就可以分解成砖基础、砖内墙、砖外墙等分项工程

(2)建设项目分类(见表12-2)

表12-2 建设项目分类

序号	分类标准	具体构成
1	按实施方式	自行建造、委托他人建造
2	按实施内容	单位办公用房建设项目、基础设施建设项目、公用设施建设项目、大型设备安装项目、大型修缮项目
3	按建设性质	新建项目、扩建项目、改建项目、迁建项目、恢复项目

续表

序号	分类标准	具体构成
4	按计划管理要求	基本建设项目、更新改造项目、商品房屋建设项目、其他固定资产投资项目
5	按施工情况	筹建项目、施工项目、投产项目、收尾项目
6	按工作阶段	前期工作项目、预备项目、新开工项目、续建项目
7	按隶属关系	中央项目、地方项目、合建项目
8	按在国民经济中的用途	生产型项目、非生产型项目
9	按建设规模	大型项目、中型项目、小型项目；更新改造项目分为限额以上项目、限额以下项目

（3）建设项目控制主要内容

建设项目领域因涉及范围广、资金量大、采购量大，历来是内部控制的重点。建设项目控制包括项目立项决策、项目审批、工程设计与概预算、工程招标、项目变更、资金支付和竣工决算、验收等环节。建设项目控制主要集中在项目内部管理、立项审批、招标、采购、施工过程、资金支付、竣工决算、验收、档案管理等环节。

（4）建设项目控制目标

按照《内控规范》对建设项目控制的要求，主要有表12-3所示控制目标。

表12-3 《内控规范》对建设项目的控制目标

序号	控制要素	具体要求
1	制度建设	单位应当建立健全建设项目内部管理制度
2	岗位设置	确保项目建议和可行性研究与项目决策、概预算编制与审核、项目实施与价款支付、竣工决算与竣工审计等不相容岗位相互分离
3	集体决策	单位应当建立与建设项目相关的议事决策机制，严禁任何个人单独决策或者擅自改变集体决策意见。决策过程及各方面意见应当形成书面文件，与相关资料一同妥善归档保管

续表

序号	控制要素	具体要求
4	审核机制	项目建议书、可行性研究报告、概预算、竣工决算报告等应当由单位内部的规划、技术、财会、法律等相关工作人员或者根据国家有关规定委托具有相应资质的中介机构进行审核,出具评审意见
5	招标控制	单位应当依据国家有关规定组织建设项目招标工作,并接受有关部门的监督
6	保密控制	单位应当采取签订保密协议、限制接触等必要措施,确保标底编制、评标等工作在严格保密的情况下进行
7	预算控制	单位应当按照审批单位下达的投资计划和预算对建设项目资金实行专款专用,严禁截留、挪用和超批复内容使用资金
8	档案管理	单位应当加强对建设项目档案的管理。做好相关文件、材料的收集、整理、归档和保管工作
9	项目调整	经批准的投资概算是工程投资的最高限额,如有调整,应当按照国家有关规定报经批准。单位建设项目工程洽商和设计变更应当按照有关规定履行相应的审批程序
10	决算控制	建设项目竣工后,单位应当按照规定的时限及时办理竣工决算,组织竣工决算审计,并根据批复的竣工决算和有关规定办理建设项目档案和资产移交等工作。建设项目已实际投入使用但超时限未办理竣工决算的,单位应当根据对建设项目的实际投资暂估入账,转作相关资产管理

12.4 建设项目的主要流程

建设项目的主要流程示意图见图12-2。

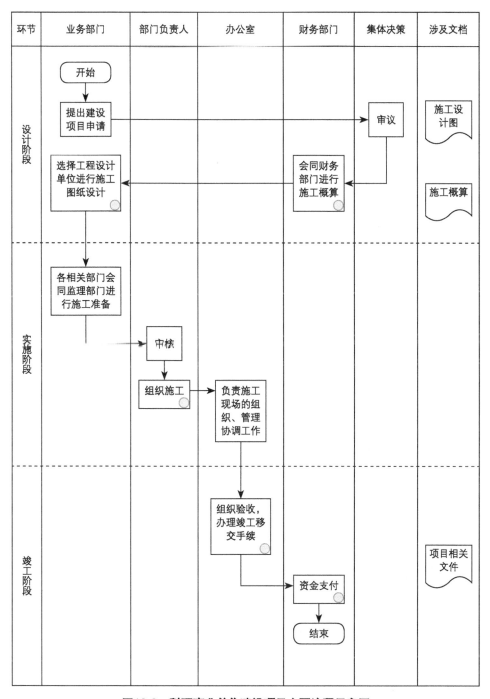

图12-2 科研事业单位建设项目主要流程示意图

12.5 建设项目的主要风险点及控制措施

建设项目的主要风险点及控制措施见表12-4。

表12-4 科研事业单位建设项目的主要风险点及控制措施

序号	控制环节	可能存在的风险点	控制措施
1	项目决策	立项缺乏可行性研究或者可行性研究流于形式，决策不当、审核审批不严、导致项目难以实现预期目的，甚至失败	各部门形成建设项目可行性方案，必要时组织专家组进行论证；妥善保管项目决策程序、相关责任、决策过程和各方面意见形成的书面文件
2	项目审核	项目未经有效审核，项目设计方案不合理，预算脱离实际，技术方案不能落实等，导致建设项目质量存在隐患	项目可行性报告编制与审核相分离；审核工作由具备相关技术和专业知识的人员参与或委托具有相应资质的中介机构进行审核
3	招标管理	招投标过程存在串通、暗箱操作或商业贿赂等舞弊行为，可能导致招标工作违法违规，中标人实际难以胜任等风险	明确招标范围和要求，规范招标程序，发布招标公告；各部门对标底计价内容、计价依据进行审核；落实相应保密责任；及时向中标人发出中标公告，签订书面合同、明确权利和责任
4	项目变更	项目变更审核不严格，工程变更频繁，可能导致预算超支、投资失控、工期延误等风险	确需变更时，经相关部门确认后提交单位"三重一大"会议审议；财务部门对项目变更所涉及价款支付变化进行审核
5	项目竣工管理	虚列建设成本或隐匿结余资金，未及时办理竣工验收，导致竣工决算失真或形成账外资产等风险	办公室及时组织项目验收，办理项目资产移交工作，财务部及时将资产入账
6	项目资金支付	项目资金管理不严格，价款结算不及时，项目资金使用管理混乱，导致工程建设进度延迟或中断，造成资金损失等风险	按照审批下达预算对项目资金实行专款专用；及时掌握工程进度，根据工程进度支付工程款；价款支付按要求履行审批程序

续表

序号	控制环节	可能存在的风险点	控制措施
7	项目档案管理	项目未及时办理资产及档案移交，资产未及时结转入账，可能导致账外资产等风险	项目档案统一管理；项目档案归档与项目建设同步，项目结束后及时归档

12.6 建设项目内部控制主要依据

① 《中华人民共和国建筑法》（2019年修正）。
② 《中华人民共和国采购法》（2019年修正）。
③ 《建设工程项目管理条例》（2017年修订）。
④ 《建设工程质量管理条例》（2019年修正版）。
⑤ 科研事业单位所在地区对建设项目控制的相关政策要求。

12.7 预算授权审批权限及不相容岗位分离表

（1）授权审批权限（见表12-5）

表12-5 科研事业单位建设项目审批权限示例

审批人 权限 事项	各相关部门	部门负责人	部门分管领导	"三重一大"决策程序
改造、维修等建设项目	申请	审核	审核	审议

（2）不相容岗位分离建议表（见表12-6）

表12-6 科研事业单位建设项目不相容岗位分离示例

业务环节	业务职能	项目建议和可行性研究与项目决策	概预算编制与审核	项目实施与价款支付	竣工决算与竣工审计
建设项目	项目建议和可行性研究与项目决策		X		

续表

业务环节	业务职能	项目建议和可行性研究与项目决策	概预算编制与审核	项目实施与价款支付	竣工决算与竣工审计
建设项目	概预算编制与审核			X	
	项目实施与价款支付				X
	竣工决算与竣工审计				

12.8 需要关注的问题

（1）关注停止新建楼堂馆所等相关要求

2013年，中办、国办印发《关于党政机关停止新建楼堂馆所和清理办公用房的通知》（2013年第22号），其中明确要求，5年内各级党政机关一律不得以任何形式和理由新建楼堂馆所，包括停止新建、扩建楼堂馆所，停止迁建、购置楼堂馆所，严禁以"学院""中心"等名义建设楼堂馆所，已批准但尚未开工建设的楼堂馆所项目，一律停建。严格控制办公用房维修改造项目。办公用房因使用时间较长、设施设备老化、功能不全、存在安全隐患，不能满足办公要求的，可进行维修改造。维修改造项目要以消除安全隐患、恢复和完善使用功能为重点，严格履行审批程序，严格执行维修改造标准，严禁豪华装修。

2017年10月，国务院出台《机关团体建设楼堂馆所管理条例》（中华人民共和国国务院令第688号），其中明确规定，不得建设培训中心等各类具有住宿、会议、餐饮等接待功能的场所和设施。明确楼堂馆所的建设必须经过严格的审批程序，经批准建设的楼堂馆所必须列入部门、地方基建投资计划。任何单位未经报批程序不得擅自建设、不得搞计划外工程。

厉行勤俭节约，反对铺张浪费，一直是中华民族的优良传统，"牢固树立过紧日子思想"深入人心。科研事业单位使用的大部分是财政的钱，把每一分钱花在"刀刃上"是必然的要求。因此，科研事业单位在进行建设项目决策时，应遵守中央关于新建楼堂馆所、严格控制办公用房等相关要求，从严论证建设、装修或维修改造项目的必要性。一旦启动建设，也应建立建设项目招标、监理等相关制度，确保每一分钱都花出最大效益。

（2）关注建设项目对环境的影响

2017年，修订后的《建设项目环境保护管理条例》发布。明确要求在中华人民共和国领域和中华人民共和国管辖的其他海域内建设对环境有影响的建设项目，必须遵守污染物排放的国家标准和地方标准；在实施重点污染物排放总量控制的区域内，还必须符合重点污染物排放总量控制的要求。依据对环境造成影响的不同，需要前置编制环境影响报告书、环境影响报告表或环境影响登记表。同时明确建设项目需要配套建设的环境保护设施，必须与主体工程同时设计、同时施工、同时投产使用。

因此，科研事业单位在启动可能造成环境污染的建设项目时，应按要求进行评估和开展环境影响评价，同时在进行概预算环节，应增加配套环境保护设施预算。在建设项目完成时，应再次评估其对环境的影响。

（3）关注建设项目的后期评价

无论是对建设项目立项、工程设计、招投标、施工、变更或资金结算哪一个环节的控制，除了控制资金风险外，还有一个重要的指标就是交付的建筑项目是否符合最初的设计要求。如果这一目标未达到，那么所有的控制都是毫无意义的。因此在建设项目交付使用1年左右的时间，可能竣工验收时没能发现的问题会显现出来。如建设项目出现墙体裂缝、渗水或漏电等问题，这需要进一步评估是建设项目施工问题、监理问题，还是工程变更原材料等问题。建设项目的后期评价，将为下一次建设项目的实施提供宝贵经验、意见建议或施工样板，降低下一次建设项目的相关风险。

第13章

合同控制

13.1 案例分析

案例名称： 伪造虚假合同，A公司因不诚信行为被列为市场黑名单

某招标项目审计中，A公司的投标资料表面看起来干净、利索、条理清晰，如合同复印件、发票复印件等证据链衔接正常，细心的审计人员发现业绩证明合同的上半部分和下半部分的字体大小、格式差距较大，初步怀疑业绩证明合同是虚假的。审计人员顺着这条线索假设采购合同是虚假的，那对应的采购合同发票亦是虚假的。查实发票的真假是查证虚假合同的关键。在后续的审计过程中，因投标人提供的发票开票日期是2013年，国家税务总局发票核查系统设计权限仅能查验上一年度的发票信息，即通过发票核查系统校验发票真伪这条路走不通了。面对困难，审计人员与税务人员进行了沟通，得到了"纳税人识别号"这个关键信息。查阅《关于修订纳税人识别号代码标准的公告》要求，纳税人识别号从2015年10月1日起由15位变至18位。投标人提供的发票开票时间为2013年10月22日，按照常理推断纳税人识别号应为15位，而投标人提供的发票纳税人识别号为18位，即投标人提供的发票是虚假的概率增大了很多。随后，审计人员通过网上公开的信息与此采购合同采购方取得了电话联系，进一步证实发票是虚假的，买卖合同也是虚假的。A公司因不诚信行为被列为市场黑名单。

案例分析： 合同双方当事人以虚假意向签订的合同属于无效合同，应当承担过错赔偿责任，同时应承担相应的法律责任。A公司伪造虚假合同，不仅被取消投标资格，而且因为进入市场黑名单，公司将遭受更大经济利益损失。

13.2 合同控制内部控制建设路径

合同控制内部控制建设路径见图13-1。

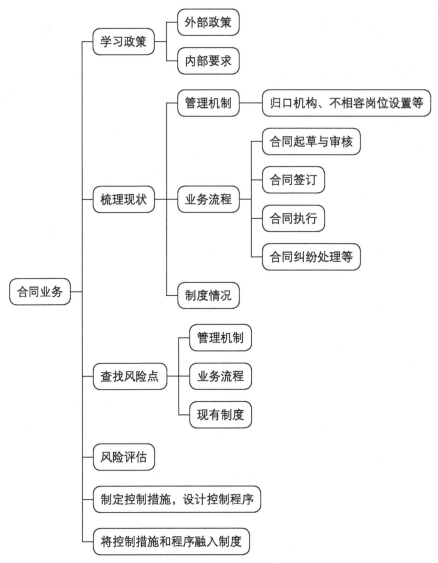

图13-1 科研事业单位合同业务内部控制建设路径

第一，学习政策，涉及三个重点方向。一是学习《中华人民共和国民法典》第三编关于合同的相关内容，了解并掌握上位制度对合同管理的要求；二是学习科研事业单位所在省市或地区、主管部门对科研项目合同签订、成果转化合同签订等与科研事业单位紧密相关的合同控制的相关要求；三是要了解本单位关于合同管理的相关要求。内部控制建设的适应性原则要求，适应单位实际的合同管理才是最好的。单位的合同管理控制不可能与上位制度"上下一般粗",也不可能与上位政策相抵触。

第二,梳理现状,涉及三个重点方向。一是梳理单位合同业务管理机制。是否设立合同管理归口部门、设置管理不相容岗位并配备相关人员等;二是逐一梳理合同起草、合同审核、签订、合同执行、合同收(付)款、合同纠纷处理、合同存档备案等环节,特别是梳理关键点的控制情况;三是梳理单位现行制度建设情况。如有无合同管理制度。如无制度,则应按照梳理的风险情况和内部控制要求尽快制定制度;如有制度,应梳理与上位制度的衔接情况,梳理是否与正在执行的制度有抵触的地方并进行完善。

第三,查找风险点。结合政策学习和现状梳理情况,按照内部控制规范的重要性原则,特别要对合同管理的关键环节、关键点位查找可能存在的风险。如重大合同审核有没有律师事务所等专业机构介入,重大合同执行过程、付款等流程有无风险点,等等。本着"谨小慎微"的原则,不要担心梳理的风险点过多。此环节只需梳理风险点,并形成风险清单。依据风险清单,哪些风险需要采取什么措施,是风险评估后才能决定的事情。

第四,风险评估。依据风险清单,由风险评估小组结合单位实际,进行风险评估,并依据风险评估的情况提出切合实际的风险应对措施或控制程序建议。

第五,制定控制措施,设计控制程序。内部控制建设牵头部门依据风险评估结果,针对合同控制中某个流程的某个或某几个风险点,形成合理可行的风险应对措施或控制程序建议。例如针对合同协议变更,可以增加业务部门提出合同变更申请—法务部门(或外聘法律顾问)审核—部门分管领导审核—业务部门与合同方签订书面补充协议等程序,降低合同执行风险。

第六,制定制度。汇总第五步形成的全部控制措施或控制程序,分门别类从总则、适用范围、管理职责及分工、合同订立、合同履行、变更和解除、合同纠纷解决与违约处理、合同归档、附则等方面完善或新建制度。

13.3 合同控制概述

13.3.1 合同的定义、订立形式及分类

（1）合同的定义

《中华人民共和国民法典》（2020年）规定，合同是民事主体之间设立、变更、终止民事法律关系的协议。

（2）合同订立形式

合同订立形式可分为书面合同、口头合同、电子合同和其他形式合同。科研事业单位经济合同一般以书面合同为主，电子合同次之。

（3）合同的分类

《中华人民共和国民法典》（2020年）提到的典型合同类型有买卖合同、委托合同、技术合同等19种，具体如表13-1所示。

表13-1 《中华人民共和国民法典》中提到的合同类型

序号	合同类型	具体定义
1	买卖合同	出卖人转移标的物的所有权于买受人，买受人支付价款的合同
2	供用电、水、气、热力合同	供电人向用电人供电，用电人支付电费的合同
3	赠与合同	赠与人将自己的财产无偿给予受赠人，受赠人表示接受赠与的合同
4	借款合同	借款人向贷款人借款，到期返还借款并支付利息的合同
5	保证合同	为保障债权的实现，保证人和债权人约定，当债务人不履行到期债务或者发生当事人约定的情形时，保证人履行债务或者承担责任的合同
6	租赁合同	出租人将租赁物交付承租人使用、收益，承租人支付租金的合同
7	融资租赁合同	出租人根据承租人对出卖人、租赁物的选择，向出卖人购买租赁物，提供给承租人使用，承租人支付租金的合同

续表

序号	合同类型	具体定义
8	保理合同	应收账款债权人将现有的或者将有的应收账款转让给保理人,保理人提供资金融通、应收账款管理或者催收、应收账款债务人付款担保等服务的合同
9	承揽合同	承揽人按照定作人的要求完成工作,交付工作成果,定作人支付报酬的合同
10	建设工程合同	承包人进行工程建设,发包人支付价款的合同,包括工程勘察、设计、施工合同
11	运输合同	承运人将旅客或者货物从起运地点运输到约定地点,旅客、托运人或者收货人支付票款或者运输费用的合同,包括客运、货运、多式联运等合同
12	技术合同	当事人就技术开发、转让、许可、咨询或者服务订立的确立相互之间权利和义务的合同,包括技术开发、技术转让、技术许可、技术咨询、技术服务等合同
13	保管合同	保管人保管寄存人交付的保管物,并返还该物的合同
14	仓储合同	保管人储存存货人交付的仓储物,存货人支付仓储费的合同
15	委托合同	委托人和受托人约定,由受托人处理委托人事务的合同
16	物业服务合同	物业服务人在物业服务区域内,为业主提供建筑物及其附属设施的维修养护、环境卫生和相关秩序的管理维护等物业服务,业主支付物业费的合同
17	行纪合同	行纪人以自己的名义为委托人从事贸易活动,委托人支付报酬的合同
18	中介合同	中介人向委托人报告订立合同的机会或者提供订立合同的媒介服务,委托人支付报酬的合同
19	合伙合同	两个以上合伙人为了共同的事业目的,订立的共享利益、共担风险的协议

13.3.2 合同业务控制内容

合同是民事主体之间设立、变更、终止民事法律关系的协议。即两方或多方在办理某个事项时,为了各自的权利和义务而制定的各自遵守的协议。依法成立的合同,受法律保护,对合同当事人具有法律约束力。

合同控制分为合同订立、合同执行、合同保全、合同变更和转让、合同终止、合同违约、合同纠纷等环节的控制。

（1）订立合同

资格审查。签订合同前,应当对对方单位的主体资格、资信能力、履约能力先行进行审查。与不能独立承担民事责任的相关主体签订合同,是存在合同履行风险的。

起草合同。按照合同双方或多方约定的内容,将各方的权利义务以规范性的文字及格式进行表述。

审核合同。合同由主管领导、法务部门（或第三方律师事务所）分别对合同内容、合同条款、法律效力等进行审核。

订立合同。审核后的合同,经双方当事人签字、盖章后。双方签订的合同生效且具有法律效力。

（2）履行合同

科研事业单位作为甲方,在乙方完成或部分完成合同约定内容时,及时进行工作量确认并付款；科研事业单位作为乙方,则需要按照合同约定内容,按时提供相关的研究成果或服务。合同各方当事人应当遵循诚信原则,履行合同并按合同保密条款要求等承担保密义务。

（3）合同补充、变更、转让和终止

合同补充。指合同生效后,当事人就质量、价款或者报酬、履行地点等内容没有约定或者约定不明确的,在原合同基础上进行协议补充。

合同变更。指合同生效后,经合同各方协商一致,当事人对尚未履行或正在履行的合同,进行修改或补充所达成的协议。合同变更是合同关系的局部变化,不是合同性质的变化。

合同转让。是指当事人一方将其合同权利、合同义务或者合同权利义务,全部或者部分转让给第三人。合同转让既可以全部转让、也可以部分转让。

（4）合同终止

指合同还在履行过程中，因约定合同终止的事件出现（如自然灾害等不可抗力），合同确立的各方权利义务终止。合同的权利义务关系终止，不影响合同中结算和清理条款的效力。

（5）合同违约

指合同一方或双（多）方违反合同中约定的义务、法律直接规定的义务和法律原则和精神所要求的义务。

（6）合同纠纷

是指因合同的生效、解释、履行、变更、终止等行为而引起的合同当事人的所有争议。

13.3.3 合同控制目标

按照《内控规范》对合同控制的要求，主要有表13-2所示控制目标。

表13-2 《内控规范》对合同业务的控制目标

序号	控制要素	具体要求
1	制度建设	单位应当建立健全合同内部管理制度
2	岗位设置	明确合同的授权审批和签署权限，妥善保管和使用合同专用章，严禁未经授权擅自以单位名义对外签订合同，严禁违规签订担保、投资和借贷合同
3	归口管理	单位应当对合同实施归口管理，建立财会部门与合同归口管理部门的沟通协调机制，实现合同管理与预算管理、收支管理相结合
4	合同订立控制	单位应当加强对合同订立的管理，明确合同订立的范围和条件。对影响重大、涉及较高专业技术或法律关系复杂的合同，应当组织法律、技术、财会等工作人员参与谈判，必要时可聘请外部专家参与相关工作。谈判过程中的重要事项和参与谈判人员的主要意见，应当予以记录并妥善保管

续表

序号	控制要素	具体要求
5	合同履行控制	单位应当对合同履行情况实施有效监控。合同履行过程中,因对方或单位自身原因导致可能无法按时履行的,应当及时采取应对措施
6	合同审查控制	单位应当建立合同履行监督审查制度。对合同履行中签订补充合同,或变更、解除合同等应当按照国家有关规定进行审查
7	合同付款控制	财会部门应当根据合同履行情况办理价款结算和进行账务处理。未按照合同条款履约的,财会部门应当在付款之前向单位有关负责人报告
8	加强合同过程管理	合同归口管理部门应当加强对合同登记的管理,定期对合同进行统计、分类和归档,详细登记合同的订立、履行和变更情况,实行对合同的全过程管理。与单位经济活动相关的合同应当同时提交财会部门作为账务处理的依据
9	保密控制	单位应当加强合同信息安全保密工作,未经批准,不得以任何形式泄露合同订立与履行过程中涉及的国家秘密、工作秘密或商业秘密
10	建立纠纷处理渠道	单位应当加强对合同纠纷的管理。合同发生纠纷的,单位应当在规定时效内与对方协商谈判。合同纠纷协商一致的,双方应当签订书面协议;合同纠纷经协商无法解决的,经办人员应向单位有关负责人报告,并根据合同约定选择仲裁或诉讼方式解决

13.4 合同控制的主要流程

13.4.1 合同管理流程

合同管理流程示意图如图13-2所示。

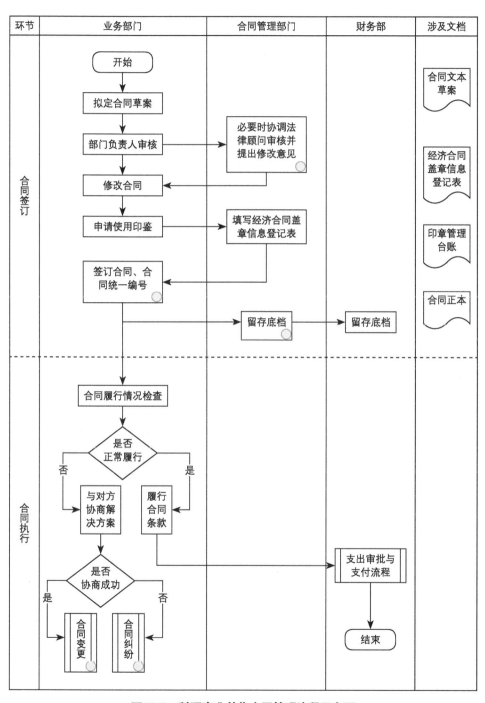

图13-2 科研事业单位合同管理流程示意图

13.4.2 合同纠纷管理流程

合同纠纷管理流程示意图见图13-3。

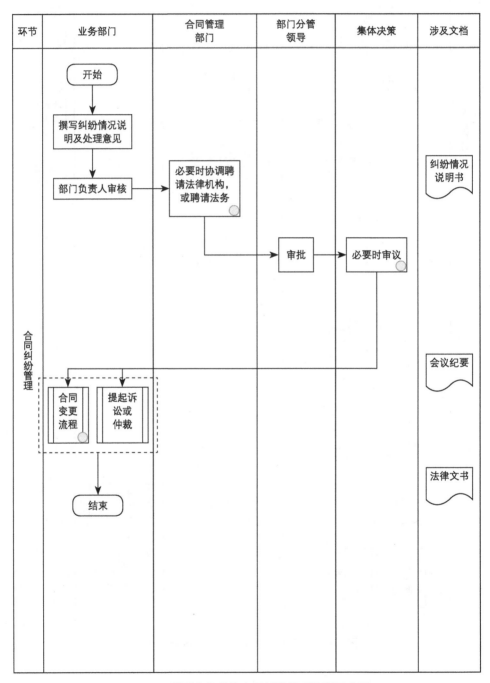

图13-3 科研事业单位合同纠纷管理流程示意图

13.4.3 合同变更管理流程

合同变更管理流程示意图如图13-4所示。

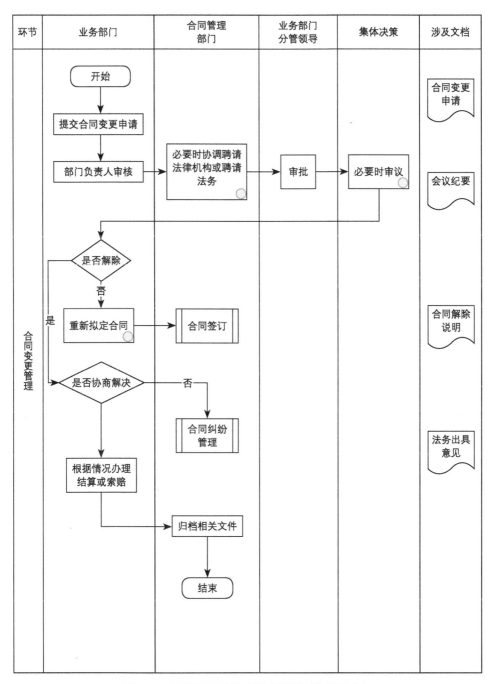

图13-4 科研事业单位合同变更管理流程示意图

13.5 合同控制的主要风险点及控制措施

合同控制的主要风险点及控制措施见表13-3。

表13-3 科研事业单位合同控制的主要风险点及控制措施

序号	控制环节	可能存在的风险点	控制措施描述
1	合同订立	未明确合同订立的范围和条件，违规签订合同，导致单位经济利益遭受损失	建立健全合同内部管理制度； 明确合同的授权审批和签署权限； 妥善保管和使用印章，严禁未经授权擅自以单位名义对外签订合同
2	合同订立	对合同对方的资质审核不严格，对方当事人不具有相应的能力或资质，导致合同无效或引发潜在风险	各部门在合同签订前进行调查，了解合同相对方的主体资格、资信等情况
3	合同订立	洽谈方式选择不当，谈判团队经验不足，资料准备不完备，可能导致谈判过程中处于劣势，使单位经济利益受损	寻求法务部门（或第三方律师事务所）帮助，根据单位实际情况选择恰当的洽谈方式； 记录并妥善保存谈判过程中的重要事项和参与谈判人员主要意见
4	合同订立	合同文本拟定不规范、未经审核或审核发现问题没有给出修订意见，导致合同出现重大疏漏或产生舞弊，使得单位经济利益受损	单位对外发生的经济行为应订立书面合同； 重要合同或法律关系复杂的合同须由法律专业人士参与起草； 由签约对方起草的合同，相关部门须认真审查； 建立合同会审机制； 对影响重大和法律关系复杂的合同文本，必要时提请单位"三重一大"会议进行审议
5	合同订立	未明确授权审批和签署权限，印章保管不善，可能发生未经授权或超过权限签订合同情形	严格划分各类合同的签署权限； 各部门按照规定的权限和程序与对方当事人签署合同，严禁超越权限签署合同； 合同经编号、审批通过后，方可加盖印章，合同管理部门做好印章使用记录； 单份合同文本达2页以上的须加盖骑缝章

续表

序号	控制环节	可能存在的风险点	控制措施描述
6	合同履行	合同生效后,对合同条款未明确约定的事项没有及时补充、变更协议,导致合同无法正常履行	及时发现合同中没有约定或约定不明确的合同,显失公平、条款有误或存在欺诈行为的合同以及客观原因导致单位利益受损的合同,按照有关规定审查、补充合同或变更、解除合同等
7	合同履行	未按照合同约定履行合同,可能导致单位经济利益遭受损失或面临诉讼风险	未签订合同或合同审批手续不完备的,财务部门可拒绝付款; 按合同约定正常履约的,财务部门应按合同约定付款,并催收到期欠款
8	合同纠纷	未建立合同纠纷处理机制,出现纠纷造成被动局面	合同在履行过程中发生纠纷的,各相关部门应与对方协商解决;如经协商并达成一致意见的,应当依照原合同审批程序签订书面协议,由双方签字并加盖单位印章后生效; 经协商无法解决的(自发生之日起1个月内),相关部门应及时拟定处理意见并书面报告分管领导,必要时依合同约定选择仲裁或诉讼方式解决
9	合同登记归档	合同及相关资料登记、流转和保管不善,导致合同及相关资料丢失,影响合同的正常履行和纠纷的有效处理	合同管理部门加强对合同登记管理; 相关合同提交财务部门作为账务处理依据

13.6 合同控制的内部控制主要依据

① 《中华人民共和国民法典》(2020年)。
② 科研事业单位所在地区关于合同管理的相关政策要求。
③ 科研事业单位对合同管理的相关要求。

13.7 合同控制审批权限及不相容岗位分离表

（1）授权审批权限（见表13-4）

表13-4 科研事业单位合同控制授权审批权限示例

权限\事项 审批人	各相关部门	合同管理部门	财务部门	部门分管领导	"三重一大"决策咨询
合同签订	拟定、修改	协调法务	—	审批	必要时审议
合同纠纷	编制说明	协调法务	—	审批	必要时审议
合同变更	申请	协调法务	—	审批	必要时审议
合同付款	申请	—	审核	审批	—

（2）不相容岗位分离建议表（见表13-5）

表13-5 科研事业单位合同控制不相容岗位分离示例

业务环节	业务职能	合同协议的拟定	合同协议的审核	合同协议的审批	合同协议的订立	合同协议的执行	合同协议的监督
合同订立	合同协议的拟定		X				
	合同协议的审核			X			
	合同协议的审批				X		
合同履行	合同协议的订立					X	
	合同协议的执行						X
	合同协议的监督						

13.8 需要关注的问题

（1）重点关注技术合同的法律风险

目前《内控规范》所关注的风险主要集中在经济风险。但是合同控制除了关注经济风险外，还应该关注法律风险，因为法律风险可能会给科研事业单位带来更大的经济风险，从而给单位造成损失。

《中华人民共和国民法典》（2020年）关于技术合同部分，规定技术合同是当事人就技术开发、转让、许可、咨询或者服务订立的确立相互之间权利和义务的合同。对技术合同价款、报酬及使用费、职务技术成果的财产权权属、非职务技术成果的财产权权属、技术成果的人身权归属进行详细约定；对技术开发合同、转让合同、许可合同和咨询服务合同的定义、许可、违约、成果归属等都进行具体规定。科研事业单位应组织合同归口管理部门、相关业务部门学习《中华人民共和国民法典》（2020年），熟悉合同订立、合同履行、合同变更和转让、合同权利和义务终止、违约责任等相关内容，关注买卖合同等典型合同与之前的变化内容，特别是与科研事业单位业务发展密切相关的技术合同签订、履行、变更和纠纷处理的要求，避免因为合同签订不当，单位既承担法律风险，又遭受经济风险损失。

（2）加强对合同拟定内容和条款的审核

合同是一致意思的表示，文本的内容应当真实表达合同双方或多方的真实意图，任何引起歧义的事项都需要在合同中澄清。科研事业单位应当成立专门的法务部门或外聘第三方律师事务所加强对合同内容和条款的审核，降低因合同内容、条款表述不当而造成的风险。特别是签署影响重大、涉及较强专业技术或法律关系复杂的合同，科研事业单位应当建立合同会审制度，可由单位业务部门、财务部门、内部审计部门、法务部门、第三方律师事务所、外部专家等组成会审小组。会审过程中的重要事项和参与谈判人员的主要意见，应当记录并妥善保管。法务部门或第三方律师事务所重点审核是否有违反法律或者违约责任承担不明确等条款；财务部门对合同支付方式、支付条款、税务风险等情况进行审核；业务部门对约定的工作量、工作交付方式、时间等进行审核；内部审计部门从合同的合规性（既要符合国家层面规章制度，也要满足单位内部控制制度要求）、违约责任承担等方面进行审查。

举例来说，某科研事业单位某业务部门因业务发展需要，与某广告公司签订合同，要求设计并印刷一批科技创新产品宣传画册，合同金额20万元。因合同金额较大，该业务部门将合同交付单位外聘的第三方律师事务所进行审查。原合同中付款条款为："某科研事业单位先预付20%的合同款，广告公司启动画册设计和印刷工作。广告公司交付画册时，某科研事业单位支付其余80%的合同尾款。"第三方律师事务所在审核合同后，将付款条款改为："某科研事业单位先预付20%的合同款，广告公司启动画册设计和印刷工作。交付的画册与双方认可的设计稿完全一致时，某科研事业单位支付80%的合同尾款。"后来在合同执行过程中，广告公司承印的印刷稿与双方原先认可的设计稿在配色、排版、插图等方面有较大出入。某科研事业单位依据合同，要求必须与双方认可的设计稿一致时才支付尾款。随后某广告公司重新进行印刷。正因为律师事务所对合同的认真审核，某科研事业单位才避免了资金损失。

（3）加强合同归口管理

合同归口管理有利于合同的保护和保存，可以为科研事业单位维护自身利益、避免损失等提供必要的依据。举例来说，科研事业单位与其他单位之间的经济纠纷不一定在合同执行过程中，也可能是发生于经济合同结束时的某个时间点，所以合同的归口管理非常重要。2021年，华为创始人任正非在销售合同关闭工作座谈会上发表讲话，提出华为要建立规范的合同管理体系，不但承担历史合同清理的责任，还要担负起面向未来合同的规范化管理。任正非提出规范合同管理体系的三点建议：一是销售合同管理要从被动走向主动，面向未来建立科学的合同管理体系，输出规范化标准，实现合同管理的流程化、机制化，持续改进合同质量；二是合同管理的根本在业务源头，要从业务源头提高认识，以考促训，提升干部和业务人员的合同管理意识和专业水平；三是合同管理战略预备队的训战赋能要参考世界先进经验，学习、考试网络化，引入广泛的教练资源，组织热点讨论，激发学习积极性和潜能。

综上，科研事业单位应制定合同管理办法，明确合同管理的归口部门的职责和任务，对合同存档、管理、使用、保密等环节进行详细规定；通过培训、总结、信息化等方式，提升合同归口管理部门的管理能力，让合同管理为单位决策、发展等提供重要支撑。

第 14 章

《内部控制手册》的编制

14.1 什么是《内部控制手册》

前面提到，《内部控制制度汇编》和《内部控制手册》是内部控制建设初步完成的标志性交付物。经过前面第4~13章的内容讲解，相信读者都能理解什么是《内部控制制度汇编》，即把科研事业单位为了防控单位层面和业务层面经济风险而制定的各项制度集结成册。《内部控制手册》与《内部控制制度汇编》是什么关系？有没有必要编制《内部控制手册》？以什么样的方式呈现？应该包含哪些内容？一些单位的内部控制牵头部门常常不知道从哪里下手。

小型的科研事业单位，如果业务较少，也可不编制《内部控制手册》，《内部控制制度汇编》就足够使用。对一些大、中型的科研事业单位，为了强化全体员工对单位内部控制建设的认识、理解、认同和执行，还是非常有必须要编写《内部控制手册》的。

科研事业单位的《内部控制手册》也可以参照财政部对企业内部控制手册的编制要求进行编制。或者换个角度来说，《内部控制手册》是《内部控制制度汇编》必要的补充，它将内部控制制度限于篇幅或其他原因没能完全表达的内容，例如科研事业单位对内部控制的理念、要求、关键控制点、控制方法、控制程序、流程图、控制矩阵、不相容岗位划分等内容，通过编制手册的方式表达出来。编制《内部控制手册》和《内部控制制度汇编》的目标是完全一致的，即将科研事业单位对内部控制的要求以一定的方式固定下来，便于全体员工共同遵守。

科研事业单位员工在内部控制执行过程中，例如因业务需要支出一笔会议费，可能会事先查看单位《内部控制制度汇编》中有无会议费管理办法，其次再看管理办法中对会议费预算和支出是如何要求的。在了解会议费预算和支出要求后，员工可能会依据其预计支出金额的大小，查看《内部控制手册》，关注支出流程和审核权限，以此去准备每个环节所需要的材料，等待审批。还有一种情况，例如某项内部控制制度写得比较宽泛，员工不知道怎么执行。通过查看《内部控制手册》相关流程图，员工可以很快了解从哪里入手开展某项工作。这就是《内部控制制度汇编》和《内部控制手册》配合使用的例子。

14.2 如何编制《内部控制手册》

本节为科研事业单位《内部控制手册》示例，共分为前言、概述、风险评估与控制、单位层面内部控制、业务层面内部控制、内部控制信息化、内部控制评价与监督、后续工作等八部分，供参考使用。

一、前言

科研事业单位基本情况介绍（单位名称、坐落地点、编办赋予的职责、主要业务开展、主要客户等），科研事业单位内设机构介绍（办公室、党群工作部、财务部门、人事部门、纪检部门、资产管理部门、业务部门等）。

编制目的：为提升单位管理水平，增强风险防控能力，保证某单位协调、持续、稳定发展，依据《中华人民共和国会计法》（2017）、财政部《事业单位财务规则》（2022年财政部令第108号）、《行政事业单位内部控制规范（试行）》（财会〔2012〕21号）等法律法规和有关规定，通过梳理单位经济业务流程并识别风险点，逐步完善单位风险评估机制、单位层面控制机制、业务层面控制机制和内部控制评价监督机制，并将相关机制逐步通过信息化落地，确保单位内部控制真正落地和内部控制有效运行，最终形成单位《内部控制手册》。

本内控手册由前言、概述、风险评估与控制、单位层面内部控制、业务层面内部控制、内部控制信息化、内部控制评价与监督、后续工作八部分构成。本手册的实施对完善单位内部控制制度，进一步规范单位内设机构职责、业务流程、分解和落实责任，控制单位经济业务活动风险，保证财务报告真实性，确保单位资产安全高效运行具有较强意义。

二、概述

本内控手册所称内部控制，是指单位为实现既定控制目标，通过制定制度、实施措施和执行程序等手段，对单位经济活动面临的潜在风险进行防范和管控。单位内部控制的主要任务：健全内部控制体系，强化内部流程控制；加强内部权力制衡，规范内部权力运行；建立内控报告制度，促进内控信息公开；强化内控监督检查，加大考评问责力度。

编制目标：通过编制内控手册，建立健全单位以风险管理为导向、合规管理为重点的内控体系。进一步树立和强化管理制度化、制度流程化、流程信息化的内控理念，合理保证单位经济活动合法合规、国有资产保值增值、财务信息真实完整。通过信息化管理手段减少或消除人为操纵因素，提升单位运行能力和效率，有效防范舞弊和预防腐败。

编制原则：①全面性原则。内部控制应贯穿单位经济活动的决策、执行和监督全过程，实现对经济活动的全面控制。②重要性原则。在全面控制的基础上，内部控制应更加关注单位重要经济活动和经济活动的重大风险。③制衡性原则。内部控制应在单位部门管理、职责分工、业务流程等方面形成相互制约和相互监督的机制。④适应性原则。内部控制应当符合国家有关规定和单位实际，并随外部环境变化、单位经济活动调整和管理要求提高，不断修订和完善。

编制内容：内控手册以财政部《行政事业单位内部控制规范（试行）》（财会〔2012〕21号）为指引，结合单位实际，从风险评估、单位层面内部控制、业务层面内部控制、内部控制信息化、内部控制评价与监督等方面进行较为全面系统阐述，主要包括以下几点。

① 风险评估：主要从风险定义、风险评估概念、方法及基本程序、风险应对策略等方面进行阐述。将单位内部控制所涉及风险分为单位层面风险和业务层面风险两大类进行评估、分级。

② 单位层面内部控制：主要从单位组织结构、议事决策、关键

岗位、关键人员、会计系统、信息系统六方面进行阐述。具体从控制目标、控制活动涉及的流程范围、风险列举、控制措施等方面提出具体控制要求，并形成控制活动相关文档汇编资料。

③业务层面内部控制：主要从单位预算业务、收支业务、政府采购、资产管理、建设项目、合同管理六方面进行阐述。针对预算业务控制等六个方面，从控制目标、控制活动涉及的流程范围、审批权限、部门及岗位职责、风险与控制矩阵、流程概述、关键控制文档以及不相容职责分离等方面进行阐述，并形成控制活动相关文档汇编资料。

④内部控制信息化：主要从内部控制信息化定义、单位内部控制信息化内容、信息化建设方式、信息化系统构架、信息系统主要功能模块等方面进行阐述。

⑤内部控制评价与监督：主要从单位内部控制评价与监督程序、组织管理、评价要素和指标、评价方法、评价结果运用等方面进行阐述。

⑥后续工作：主要从单位内部控制工作的局限性、内部控制优化、评价监督等方面进行阐述。

决策机制：单位党委（党组）是内部控制建设与实施的最终决策机构。单位《内部控制制度汇编》和《内部控制手册》经党委（党组）会审议通过后执行。

职责分工：单位内部控制工作领导小组负责内部控制工作的组织、指导、实施、监督、检查和评估等工作。财务部门作为单位内部控制工作的牵头部门，负责组织协调内部控制建设工作；内部控制建设日常实施由各部门按职责权限设置执行；纪检监察责任部门负责单位内部控制风险评估、监督与评价工作。

执行：该内控手册自单位党委（党组）会批准之日起实施，试运行期一年。执行过程中如遇到与实际问题相冲突等特殊情况，由财务部门及时修改调整内部控制手册，并经单位党委（党组）会通过后按新手册执行。

内部控制建设框架（图示单位内部控制的构成，如风险评估、单位层面内部控制、业务层面内部控制、内部控制信息化、内部控制评价与监督等内容，以及相关部门职责分工。略）。

三、风险评估与控制

（1）风险的定义

（2）单位风险控制的目标（依据实际情况制定）

（3）风险评估内容

① 目标设定：根据单位实际业务需要，设定经济活动相关目标，明确各项业务控制目标。

② 风险识别：描述风险分析采用的方法，最终形成成果等。

③ 风险分析：简要叙述采用哪些方法进行分析，为风险应对提供依据。

④ 风险评价：将风险分析的结果与预先设定的风险准则相比较，或在各种分析结果之间进行比较，确定风险的重要性等级。

⑤ 风险应对：指在风险识别、分析和评价的基础上，根据单位自身条件和外部环境，选择风险规避、风险接受、风险转移、风险转换、风险对冲、风险控制等应对措施，运用不相容岗位分离、内部授权审批控制、归口管理、预算控制、资产保护控制、会计控制、单据控制、信息公开控制、信息技术控制等方法，进行风险应对。

⑥ 图示风险评估流程（依据单位风险评估实际流程进行绘制，便于《内部控制手册》使用者理解。略）。

⑦ 可能存在的风险事件示例见表14-1。

表14-1 科研事业单位层面/业务层面风险示例

序号	单位层面/业务层面	风险类别	风险事件
1	单位层面	组织结构风险	机构设置不符合上级编办相关文件规定要求，决策机构、执行机构和监督机构未有效分离，权责分配不合理，无明确的内控建设牵头部门，……
2		议事决策风险	决策程序不规范，未形成科学有效的集体决策机制；决策不科学，缺乏依据，盲目决策，导致单位经济活动受损；……
3		关键岗位风险	未准确识别关键岗位，岗位设置及职责权限分配不合理；关键岗位管理不规范，考核和监督机制不齐全；关键不相容岗位未做到有效分离；……
4		关键人员风险	关键岗位人员不具备岗位上任能力；对关键岗位的培训不足；……
5		会计系统风险	会计制度不健全，会计核算不规范，会计科目设置不当等；会计机构不健全；会计人员专业技能和素质不高；……
6		信息系统风险	信息系统建设落后，信息系统安全管理不健全；……
7	业务层面	预算管理风险	预算编制依据不合理，方法不科学，内容不全面；预算执行随意，支出控制不严，超预算支出；预算管理、评价和监督流于形式；……
8		收支管理风险	违规发放津补贴；有未纳入预算收入，形成小金库；虚列支出、未专款专用；……
9		政府采购管理风险	预算编制不完善；采购过程存在暗中操纵竞标，不正当手段低价竞标；对代理机构审查不严，……

续表

序号	单位层面/业务层面	风险类别	风险事件
10	业务层面	资产管理风险	货币资金管理不严；往来资金核算不规范；票据管理不严格；公务卡结算不严格；网银管理不规范；……
11		建设项目管理风险	建设项目未进行可行性研究；决策不当导致项目失败；招标过程存在暗箱操作；工程造价不真实；……
12		合同管理风险	无合同牵头管理部门，档案管理不规范，合同变更、终止、纠纷处理不当；……

四、单位层面内部控制

科研事业单位单位层面内部控制是业务层面内部控制的基础，直接决定业务层面内部控制的有效实施和运行。科研事业单位单位层面内部控制包括组织架构、议事决策、关键岗位、关键人员、会计系统和信息系统六个方面。

（1）组织结构内部控制

① 定义：本部分所指"组织结构"是指单位决策机构、执行机构和监督机构的设置及相关权责分配。组织结构是单位开展内部控制风险评估、实施活动、进行监督评价的载体。单位党政领导班子是内部控制工作的决策机构。20个内设部门是单位内部控制的执行机构；纪检委员会对单位的决策机构和执行机构进行监督。"组织结构内部控制"主要包括单位内设机构控制、内设机构职责权限控制、内设机构人员编制控制等。

② 科研事业单位组织结构图（略）。

③ 控制目标：如建立决策、执行、监督"三权分立"，运转高效、互相制衡的组织结构；按照"三定"（定岗、定编、定责）方案，合理设置内设机构，并制定岗位职责方案，确保"人岗相适"等。

④ 主要风险点和控制措施见表14-2。

表14-2 科研事业单位经济业务主要风险点和控制措施示例

序号	控制环节	可能存在风险点	控制措施
1	内部监督机构受限控制	内部监督机构受控于决策机构，仅能监督执行机构，对决策机构监督不力	内设机构设置应体现"制衡性、适应性、协同性、稳定性"原则，保证决策机构、执行机构、监督机构既互相分离、相互制约和相互监督，又相互协调配合
2	内设机构设置控制	未根据业务特点和管理需要设置内设机构，或内设机构的设置、调整以及撤销未按照规定程序进行，导致内设机构设置不当或不符合单位实际情况	按照"职责分明、分工合理、权责一致"原则，完善单位内设机构设置，保证单位决策和执行相协调；按上级机构编制部门要求，严格按照相关规定开展内设机构设立、调整和撤销工作
3	内设机构运行控制	内设机构的设计和运行不能满足信息沟通要求，不利于信息上传下达和在各层级、各业务之间传递	加强对内设机构运行评估控制，定期对内部机构设置的合理性和运行效果评估，及时发现缺陷并进行优化调整，使单位内设机构处于高效运行状态
4	内设机构职责控制	权责分配不清，不相容岗位未分离，导致单位工作人员权责不清，相互推诿	按上级部门确定的单位内设机构设置和职责，形成单位内设机构职责和相关岗位职责。确保单位内设机构和全体工作人员都知悉各自的职责分工和权限范围

⑤ 控制文件有《关于设立科研事业单位的通知》（〔2022〕××号文件）、《关于确定单位内设机构具体设置和职责的通知》（〔2022〕××号文件）等。

（2）议事决策内部控制（略）

（3）关键岗位内部控制（略）

（4）关键人员内部控制（略）

（5）会计系统内部控制（略）

（6）信息系统内部控制（略）

五、业务层面内部控制

（1）预算业务控制

① 业务范围：该部分所称"预算"是指单位年度财务收支计划编制，是单位业务活动的财力支持和基本依据。"预算控制"是指对单位预算业务的控制，包括对预算编制、预算批复、预算执行、决算和预算绩效管理等环节实施有效控制。

② 控制目标：建立健全单位预算管理制度，通过对预算组织管理体系、预算编报、预算审批、预算执行与调整、决算、绩效评价等方面控制，建立起单位"预算编制有目标、预算执行有监控、预算完成有评价、评价结果有反馈、反馈结果有应用"全过程预算管理机制。

③ 内部控制建设路径（从哪些方面开展预算业务控制，略）。

④ 预算业务授权审批权限（依据实际情况，可通过图示描述，略）。

⑤ 职责分工：预算委员会职责、财务部门职责、相关业务部门职责等。

⑥ 不相容职务分离表（略）。

⑦ 预算业务流程图（如预算编制与批复、预算执行、预算调整、预算绩效考核、决算等流程图，略）。

（2）收支业务控制（略）

（3）政府采购业务控制（略）

（4）资产控制（略）

（5）建设项目控制（略）

(6) 合同控制（略）

六、内部控制信息化

（1）定义

该部分所指"内部控制信息化"，是指单位充分运用现代科学技术手段，将经济活动及其内部控制流程嵌入单位信息系统，实现内部控制程序化和常态化。

（2）内部控制信息化内容

内部控制信息化包括两方面，一是内部控制工作自身信息化。主要指对单位预算、收支、采购、资产管理、项目管理、合同管理等经济活动开展实时、全程监控。另一方面是业务管控信息化。主要指通过信息技术开展风险评估和内部控制评价，分析经济活动存在风险和面临问题，把内部控制要求嵌入全部业务和管理活动，为单位进行科学决策、审计、监督等提供数据支撑。

（3）内部控制信息系统建设方式（自建或外包方式）

（4）内部控制信息系统构架（略）

（5）内部控制信息系统主要功能模块（略）

七、内部控制评价与监督

（1）定义

单位内部控制评价与监督，是指内、外部相关组织对单位内部控制建立与实施情况进行监督检查，评价内部控制有效性，发现内部控制缺陷并进行持续整改的过程。内部控制评价与监督是促进单位内部控制有效运行并不断完善的重要举措。

（2）评价重点

单位每年至少进行一次内部控制全面性自我评价。根据实际需要，也可不定期开展局部或专项内部控制自我评价。

① 单位层面评价：内部控制工作组织和建设情况、内控制度完

善情况、关键岗位人员管理情况、财务信息编报及其他情况。

②业务层面评价：预算管理情况、收支管理情况、政府采购管理情况、资产管理情况、合同管理情况、建设项目管理及其他情况。

（3）相关职责

①单位内部控制工作领导小组：对内部控制的建立健全和有效实施负责。听取内部控制自我评价报告，审定内部控制重大缺陷、重要缺陷及整改意见。对评价部门在开展评价与监督的组织、评价以及督促整改过程中遇到的困难给予支持。

②自我评价牵头部门：具体负责单位内部控制评价与监督工作实施。制定内控体系评价与监督工作方案并开展评价；对评价与监督过程中发现的重大问题，及时向单位内部控制工作领导小组汇报，认定内部控制缺陷，拟定整改方案；编写内部控制评价报告，及时提交单位内部控制工作领导小组审议；与被评价部门沟通，督促各部门针对内部控制缺陷整改；接受上级部门的监督。

③其他部门：配合自我评价部门开展内部控制评价与监督工作。组织本部门内部控制自查、测试和评价工作，将自查发现的内部控制设计缺陷和运行缺陷提交自我评价牵头部门。

（4）评价方法

包括文件审阅法、流程分析法、问卷调查法、现场访谈法、实地查验法、抽样法、比较分析法、标杆法、重新执行法、专题讨论法等。

（5）评价报告

评价报告至少包括内部控制评价真实性申明、评价依据、评价范围、评价程序和方法、内部控制评价工作总体情况、上一年度检查中发现的内部控制缺陷及其整改情况、此次检查中发现的内部控制缺陷情况、此次评价期间内部控制缺陷整改措施及整改情况、评价结论等内容。

（6）不相容职务分离表（略）

（7）自我评价流程图（略）

八、后续工作

内部控制及风险管理存在固有的、不可避免的局限性，只能为单位的内部控制目标实现提供合理保证而非绝对保证。手册中明确的控制措施是基于单位现有的风险评估结果而制定的可用控制措施。由于单位的风险及其评估结果可能发生变化，因此手册中的控制措施的重要性及其有效性也可能发生改变。手册中的控制活动可能因人员操作差错、人员串通舞弊、领导班子或领导班子中某个成员凌驾于内控体系之上以及控制成本效益限制等情况而失效，从而无法为单位内部控制有效性以及风险控制提供合理保证。手册中控制措施的实施依赖于单位全体员工对措施本身的理解。行使内部控制职能的人员素质不适应岗位要求，或对内部控制措施理解出现偏差等情况，也会影响风险管理与内部控制功能的正常发挥。

《内部控制手册》生效后，随着单位外部环境和内部管理要求的变化，为应对内部控制管理中出现的新问题，内部控制体系建设的目标也应随之不断变化。内部控制的后期运行维护、评价、优化是内部控制体系建设的重要部分。单位各部门对《内部控制手册》在日常使用中发现的问题，应及时反馈给单位内部控制工作领导小组。单位应通过持续完善内部控制工作的评估和监督机制，发挥内部监督作用，不断检验、修正和完善《内部控制手册》，及时更新《内部控制手册》相关内容。

第 15 章

内部控制报告

《行政事业单位内部控制报告管理制度（试行）》（财会〔2017〕1号）规定，行政事业单位在年度终了，结合本单位实际情况，依据《指导意见》和《内控规范》，按照该制度规定编制能够综合反映本单位内部控制建立与实施情况的总结性文件。

按照要求，财政部负责组织实施全国行政事业单位内部控制报告编报工作；地方各级财政部门负责组织实施本地区行政事业单位内部控制报告编报工作，并对本地区内部控制汇总报告的真实性和完整性负责；各行政主管部门应当按照财政部门的要求，负责组织实施该部门行政事业单位内部控制报告编报工作，并对该部门内部控制汇总报告的真实性和完整性负责。

本章以2021年度内部控制报告的编制为例，具体说明编报要求和编报内容。

15.1 编报要求

按照《行政事业单位内部控制报告管理制度（试行）》（财会〔2017〕1号）规定，每年由财政部布置全国行政事业单位内部控制年度报告编报工作。2022年4月，财政部发布《财政部关于开展2021年度行政事业单位内部控制报告编报工作的通知》（财会〔2022〕9号），要求各相关部门扎实做好内部控制报告编制工作，并对编制工作提出详细要求，同时发布行政事业单位内部控制报告模板和其所在地区（部门）内部控制报告汇总模板。按照财政部关于开展内部控制报告编报工作的通知要求，各地也纷纷印发通知，启动内部控制报告编报工作。对比2019~2021年度行政事业单位内部控制报告的变化，主要体现在以下几个方面。

15.1.1 内部控制报告形式上的变化

与2019~2020年度全部以表格方式提交内部控制报告不同，2021年行政事业单位内部控制报告分为正文和附表两个部分。正文主要是内部控制建设情况，附表为内部控制建设情况的佐证材料。文字和附表的分离，可以更醒目地反映行政事业单位上一年度内部控制执行情况。

15.1.2 内部控制报告内容的变化

2021年度行政事业单位报告文字部分分为五部分,分别为单位内部控制的基本情况、单位存在的内部控制问题及其整改情况、单位内控报告审核情况、单位内部控制工作的经验做法和取得的成效、有关意见或建议。2019~2020年,行政事业单位内部控制报告文字部分为三个部分,单位内部控制情况总体评价、单位内部控制总体成果、单位内部控制存在问题和建议。

2019~2021年度行政事业单位内部控制报告文字部分对比情况见表15-1。

表15-1 2019~2021年度行政事业单位内部控制报告文字部分对比情况

报告组成	2021年度	2020年度	2019年度
1	无	单位内部控制情况总体评价	单位内部控制情况总体评价
2	单位内部控制的基本情况 (1)内部控制机构设置与运行情况 (2)内部控制工作的组织实施情况 (3)内部控制制度建设与执行情况 (4)内部控制评价与监督情况	无	无
3	无	单位内部控制总体成果 (1)单位层面内部控制情况 (2)业务层面内部控制情况 (3)内部控制信息化情况 (4)本年单位内部控制工作的新做法和新成效	单位内部控制总体成果 (1)单位层面内部控制情况 (2)业务层面内部控制情况 (3)内部控制信息化情况 (4)内部控制工作的经验、做法和取得的成效

续表

报告组成	2021年度	2020年度	2019年度
3	无	（5）本年单位内部控制工作的新问题或新挑战 （6）对当前行政事业单位内部控制工作的意见或建议	（5）内部控制工作中存在的问题与遇到的困难 （6）对当前行政事业单位内部控制工作的意见或建议
4	单位存在的内部控制问题及其整改情况 （1）本年单位内部控制评价发现问题及其整改情况 （2）本年单位巡视、纪检监察、审计等工作发现的与内部控制相关问题及其整改情况	单位内部控制存在问题和建议 （1）单位层面 （2）预算业务管理 （3）收支业务管理 （4）政府采购业务管理 （5）国有资产业务管理 （6）建设项目业务管理 （7）合同业务管理 （8）信息化	单位内部控制存在问题和建议 （1）单位层面 （2）预算业务管理 （3）收支业务管理 （4）政府采购业务管理 （5）国有资产业务管理 （6）建设项目业务管理 （7）合同业务管理 （8）信息化
5	单位内控报告审核情况 （1）报告材料的规范性 （2）上下年数据变动合理性 （3）业务数据的准确性 （4）数值型指标的合理性	无	无
6	单位内部控制工作的经验做法和取得的成效 （1）在推动内部控制工作中总结出的有关经验做法 （2）建立与实施内部控制后取得的有关成效，包括： ——在提升单位内部控制意识及管理水平方面的成效	见"单位内部控制总体成果"第四部分	见"单位内部控制总体成果"第四部分

续表

报告组成	2021年度	2020年度	2019年度
6	——在预算业务、收支业务、政府采购业务、资产管理、建设项目管理及合同管理六大经济业务领域方面的成效 ——在内部控制评价监督方面的成效 ——内部控制报告的应用领域和成效	见"单位内部控制总体成果"第四部分	见"单位内部控制总体成果"第四部分
7	有关意见或建议 ——对行政事业单位内部控制工作的意见建议	单位内部控制存在问题和建议 （1）单位层面 （2）预算业务管理 （3）收支业务管理 （4）政府采购业务管理 （5）资产管理 （6）建设项目管理 （7）合同管理 （8）信息化	单位内部控制存在问题和建议 （1）单位层面 （2）预算业务管理 （3）收支业务管理 （4）政府采购业务管理 （5）资产管理 （6）建设项目管理 （7）合同管理 （8）信息化

2019～2021年度行政事业单位内部控制报告附表对比情况见表15-2。

表15-2　2019～2021年度行政事业单位内部控制报告附表对比情况

年度	单位基本信息	单位层面内部控制	业务层面内部控制	内部控制信息化
2021年度	组织机构代码 基本性质 财政预算代码 ……	（1）内部控制机构组成情况 （2）内部控制机构运行情况 （3）内部控制规范权力运行情况 （4）内部控制相关问题整改情况 （5）政府会计改革情况	（1）内部控制适用的6大经济业务领域 （2）职责分离情况 （3）关键岗位轮岗情况 （4）风险评估情况 （5）内部控制制度建设和执行情况	（1）6大经济业务领域信息化 （2）信息化模块联通情况 （3）政府会计核算模块联通情况

续表

年度	单位基本信息	单位层面内部控制	业务层面内部控制	内部控制信息化
2020年度	基本同上	（1）内部控制机构组成情况 （2）内部控制机构运行情况 （3）权力运行制衡机制建立情况 （4）政府会计改革情况	基本相同	基本相同
2019年度	基本相同	（1）内部控制机构组成情况 （2）内部控制机构运行情况 （3）权力运行制衡机制建立情况	（1）职责分离情况 （2）业务轮岗情况 （3）内部控制制度建设和执行情况	（1）本年单位内部控制信息化建设阶段与投入资金规模 （2）信息化建设方式 （3）信息化覆盖情况 （4）信息化建设改造升级领域 （5）单位内部控制信息化模块联通情况 （6）是否联通政府会计核算模块

仔细对比2019~2021年度相关指标变化，还是有所区别的。

相同的部分：2019~2021年度内部控制报告均包括单位基本信息、单位层面内部控制、业务层面内部控制、内部控制信息化四个方面。

不同的部分：2019~2020年度除以上四部分外，还包括"对本单位内部控制工作的新做法、新成效；新问题、新挑战；存在或遇到问题；意见或建议"以及"对当前行政事业单位内部控制工作的意见或建议"。2021年度表格中删除了这两个部分，全部移至文字模板部分。

单位层面内部控制建设：2018年8月，财政部发布《关于贯彻实施政府会计准则制度的通知》（财会〔2018〕21号），从2019年1月起，政府会计准则制度在全国各级各类行政事业单位全面实施。2019年全国各级各类行政事业单位处于新旧制度衔接阶段；2020~2021年度，内部控制报告持续开始关注政府会计改革情况，如是否执行政府会计准则制度，是否按照政府会计准则制度要求开展预算会计核算和财务会计核算，是否对固定资产和无形资产计提折旧或摊销，编制政府部门财务报告时部门及所属单位之间发生的经济业务或事项是否在抵消前进行确认，是否将基本建设投资、公共基础设施、保障性住房、政府储备物资、国有文物文化资产等纳入统一账簿进行会计核算，等等。2021年度，开始关注内部控制相关问题整改情况，加强对内部控制建设情况的跟踪和监督，让内部控制建设更有针对性和持续性。

业务层面内部控制建设：2019~2020年度，重点关注不相容岗位职责、关键岗位轮岗、内部控制制度建设和执行情况；2021年度，除这些内容外，增加内部控制对六大业务经济领域的适用性，关注六大业务经济领域的风险评估情况。准确进行风险评估，是内部控制的首要工作。风险评估越准确，内部控制制定的制度、实施的措施以及执行的程序才越有效果。

内部控制信息化层面：2019~2020年，关注信息化建设的投入资金、建设方式、信息化覆盖情况、信息化建设改造升级领域、内部控制信息化模块联通情况、与政府会计核算模块联通情况等。2021年重点关注内部控制信息化建设结果，关注各模块之间的联通情况，不再关注信息化资金投入和建设方式等。

按照2021年度财政部关于内部控制报告填报的要求，各地区也在结合实际情况，对内部控制报告的填报要求、填报内容和填报方式进行调整。以某市为例，2020年内部控制报告主要积极服务"预算绩效管理、政府过紧日子、财政直达资金规范使用、政府会计改革"等中心工作，2021年将其中的"财政直达资金规范使用"改为"财政资金规范安全高效使用"，内部控制的范围增加，服务的面更广；按照财政部的要求，内部控制报告调整为文字+表格形式，正文部分侧重以文字形式展示单位的内部控制组织实施、经验做法、整改落实等情况；增加内部控制报告审核功能，进一步提高报告编报质量；内部控制图表指标报告方面，也随之做了增加、删除和调整。

15.2 报告编报

编报内部控制报告之前,要做好相关准备工作。

一是认真学习所在地区财政部门、上级部门对内部控制报告编报要求,了解最新政策情况。

二是全面系统准备相关附件资料。可以先从申报系统导出相关模板,按要求梳理内部控制工作小组、"三重一大"事项集体议事决策机制、风险评估报告、内部控制评价报告、相关会议记录等资料,做到有备无患。同时在梳理过程中,发现少哪些"硬件",应立即着手开展相关工作,避免在明年填报报告时,还是缺少同类型工作。

三是填报过程中应关注相关要求,精准填报。以信息化为例,填报说明明确,"对于只具有报表编报或信息记录功能的系统(模块),如部门预算管理系统(财政版)、部门决算管理系统、行政事业单位资产管理信息系统(财政版)、政府财务报告管理系统、国库集中支付系统、政府会计核算系统、行政事业单位内部控制报告填报系统、与业务无关的内部控制工作辅助软件等未嵌入单位经济业务及其内部控制流程的系统,不属于内部控制信息化的组成模块。单位内部控制信息化模块联通是指不同业务的系统模块之间的数据信息能够同步更新与实时共享。"填报说明已经写得很清楚哪些是信息化系统,哪些不是信息化系统。因此,一些只具备这些常规系统的科研事业单位,是不能为"面子"上的好看,而选择填报已建立完善的信息化系统。不实的数据也让主管部门或财政部门无法判断内部控制信息化的真实情况,从而也很难做出准确的决策。2021年,为了杜绝"面子"上好看,某市内控填报系统不再显示报告成绩。在这之前,单位填报完成内部控制报告后,系统会自动生成"优、良、中、差"的报告成绩。填报方式的改变,目的就是要推动内部控制从"追求成绩"向"追求效果"的政策导向变化。

第16章

内部控制监督

内部控制的监督分为内部监督和外部监督。

关于对内部监督的要求，《内控规范》第六十条规定：单位应当建立健全内部监督制度，明确各相关部门或岗位在内部监督中的职责权限，规定内部监督的程序和要求。

关于对外部监督的要求，《内控规范》第六十四条规定：国务院财政部门及其派出机构和县级以上地方各级人民政府财政部门应当对单位内部控制的建立和实施情况进行监督检查，有针对性地提出检查意见和建议，并督促单位进行整改。国务院审计机关及其派出机构和县级以上地方各级人民政府审计机关对单位进行审计时，应当调查了解单位内部控制建立和实施的有效性，揭示相关内部控制的缺陷，有针对性地提出审计处理意见和建议，并督促单位进行整改。

16.1 内部监督

16.1.1 内部审计监督

内部审计是对内部控制的再控制。通过内部审计，可以对科研事业单位内部控制建立健全情况、设计和运行的有效性等提出有效性建议，促进内部控制体系更好发挥作用。

（1）什么是内部审计

既然一个单位的内审部门需要对其内部控制情况进行审计，我们需要先从审计开始，了解什么是内部审计、与外部审计有何区别。审计是党和国家监督体系的重要组成部分，内部审计是外部审计的对称。内部审计与外部审计有几点区别：一是发起单位的区别。内部审计是由本单位发起，区别于外部发起的国家审计或来自社会层面的会计师审计。二是独立性的区别。因内部审计机构和审计人员受制于所在单位，其独立性较弱；外部审计独立性较强。三是审计报告使用范围的区别。内部审计主要是对本单位财务状况、规划发展等查错防弊，为管理者决策咨询提供意见或建议；外部审计监督作用更为明显。

（2）如何开展内部审计

对一个单位而言，要开展内部审计，先应建立内部审计制度。开展内部审计工作之前，我们需要学习、了解与内部审计相关的审计准则和实务指南。

《中国内部审计准则》（中国内部审计协会公告2013年第1号）（2014年1月1日起施行）。该准则主要包括内部审计基准则、内部审计人员职业道德规范，以及审计计划、审计通知书等23个具体准则。

相关的内部审计实务指南主要有：《第3101号内部审计实务指南——审计报告》（自2020年1月1日起施行），《第3201号内部审计实务指南——建设项目审计》（自2021年8月1日起施行），《第3205号内部审计实务指南——信息系统审计》（自2021年3月1日起施行），《第3204号内部审计实务指南——经济责任审计》（自2022年1月1日起实施）。

这些准则和实务指南，都为制定内部审计制度、开展内部审计工作提供了良好的遵循。需要从事内部审计工作的人员经常学习，做到学以致用，游刃有余。

（3）内部控制的内部审计

① 制定年度内部审计计划。科研事业单位在年初应制定内部审计计划，明确当年度的内部审计主要工作和重点审计内容。如加强内部审计相关法律法规学习，开展属于单位管理的相关领导经济责任审计，对单位制定的规划落实情况、项目执行情况进行审计等。

② 组成审计小组。根据年度审计计划，成立审计小组，明确审计组组长、审计组成员构成及相关职责分工；有内部审计机构的单位，一般应由内部审计机构负责人担任审计组组长；未设立内部审计机构或仅有兼职审计机构的单位，可以由负责分管纪检监督的领导或兼职审计机构负责人担任组长。审计组成员由审计组组长依据审计内容确定，必要时也可请纪检监察、巡视巡查、组织人事部门等相关人员参加审计。

③ 制定审计方案。审计组应结合需要实施内部审计的事项，制定审计方案。明确审计的目标、范围、内容、重点工作、程序和方法、审计进度安排和保障措施等，确保内部审计能按要求开展并按时完成。

④ 开展内部审计。依据审计方案，在向内部控制实施部门下达审计通知书后，即可启动内部审计工作。对内部控制的审计，主要通过访谈、调查问卷、实地查验等方式，对内部控制设计的合理性和运行的有效性进行审查和评价，加强内部控制体系监督检查，揭示存在的风险隐患和内控缺陷。发挥内部

审计对内部控制的再控制作用，促进各科研事业单位完善优化内部控制体系。在内部控制设计合理性方面，重点关注内部控制环境建设情况、风险评估制度建设和执行情况、单位层面和业务层面内部控制执行情况、信息化建设、执行和维护情况、内部监督机制建立和执行情况；在内部控制运行的有效性方面，重点关注内部控制是否按制定的内部控制制度和设计的程序或流程正确执行，内部控制制度能否为单位设定的内部控制目标提供合理保证、促进单位正常运行，风险识别是否及时有效，内部监督机制能否正常发挥作用。具体要求在2022年实施的《第3204号内部审计实务指南——经济责任审计》中关于对内部控制审计部分有详细叙述，不再赘述。

⑤ 审计结果运用。完成对内部控制的内部审计后，审计小组应按程序和要求，将审计报告和审计结果反馈给本单位党委（党组）和内部控制实施部门，并做好案件线索报告和移送、情况通报、责任追究等工作。内部控制实施部门应按照审计报告要求，做好审计整改"后半篇"文章，落实相关审计整改工作，完善相关内部控制制度，改进控制执行程序或流程等，进一步规范内部控制体系建设情况。

对规模较小的科研事业单位，如未设立专门的内部审计机构，为确保内部审计工作高质量开展，也可考虑将内部审计工作部分外包或全部外包给社会层面的会计师审计开展。但是最了解一个单位内部控制情况的，还应该是本单位相关人员。因此，即使要开展内部控制的内部审计外包工作，也应在签订外包合同时，明确外包事项和交付成果，同时加强对外包工作的过程管理、事中监督和事后评价工作，确保外包审计服务质量，为内部控制完善和执行提供有效建议。在借助外部力量开展内部控制审计时，单位也应该加强内部审计队伍建设、思想上提高认识，组织加强内部控制和内部审计相关学习，提升内部审计工作的专业化水平，切实为规范单位内部控制、促进单位更好履职尽责发挥作用。

16.1.2 内部控制自我评价

与内部审计相比，内部控制评价独立性相对弱一些。自我评价是对内部控制建设和执行情况进行评价并出具评价报告的过程。自我评价的开展，对整体提升内部控制水平和风险防范能力具有积极意义。

（1）制定内部控制评价制度

开展内部控制评价，应先行制定相关制度，明确单位层面和业务层面内部控制评价的内容、明确评价工作程序、评价方法、评价报告编制以及评价结果使用等。

（2）制定自我评价方案

在开展评价之前，按内部控制评价制度要求制定评价方案，明确评价目的、范围、组织、标准、方法、进度安排和费用预算等内容，并报内部控制领导小组或单位决策层同意后开展实施。

（3）选择适当的评价内容

风险评估发现的高风险，就是内部控制评价的关键点。因此，内部控制的评价，各单位可结合《内控规范》中风险评估应关注的内部控制工作的组织情况、内部控制机制的建设情况、内部管理制度的完善情况、内部控制关键岗位工作人员的管理情况、财务信息的编报情况和其他情况等6种情况，结合单位层面、业务层面控制要求，结合单位编制的《内部控制制度汇编》和《内部控制手册》，选取适当的内容进行评价。

（4）选择适当的评价方法

在《企业内部控制评价指引》中提到9种评价方法，科研事业单位可结合实际，选取部分或全部方法开展单位内部控制评价。

① 个别访谈法。指根据检查评价需要，对被查单位员工进行单独访谈，以获取有关信息。

② 调查问卷法。指设置问卷调查表，分别对不同层次的员工进行问卷调查，根据调查结果对相关项目作出评价。

③ 比较分析法。是指通过分析、比较数据间的关系、趋势或比率来取得评价证据的方法。

④ 标杆法。是指通过与组织内外部相同或相似经营活动的最佳实务进行比较而对控制设计有效性评价的方法。

⑤ 穿行测试法。是指通过抽取一份全过程的文件，来了解整个业务流程执行情况的评估评价方法。

⑥ 抽样法。是指针对具体的内部控制业务流程，按照业务发生频率及固有风险的高低，从确定的抽样总体中抽取一定比例的业务样本，对业务样本的

符合性进行判断，进而对业务流程控制运行的有效性作出评价。

⑦ 实地查验法。是指对财产进行盘点、清查，以及对存货出、入库等控制环节进行现场查验。

⑧ 重新执行法。是指通过对某一控制活动全过程的重新执行来评估控制执行情况的方法。

⑨ 专题讨论会法。指通过召集与业务流程相关的管理人员就业务流程的特定项目或具体问题进行讨论及评估的一种方法。

（5）出具评价报告

自我评价结束后，评价小组应按照《自我评价方案》要求，出具自我评价报告。《企业内部控制评价指引》中提出，内部控制评价报告至少应包括如下内容，各科研事业单位可结合实际，进行删减或增加。

① 内部控制评价的目的和责任主体。

② 内部控制评价的内容和所依据的标准。

③ 内部控制评价的程序和所采用的方法。

④ 衡量重大缺陷严重偏离的定义，以及确定严重偏离的方法。

⑤ 被评估的内部控制整体目标是否有效的结论。

⑥ 被评估的内部控制整体目标如果无效，存在的重大缺陷及其可能的影响。

⑦ 造成重大缺陷的原因及相关责任人。

⑧ 所有在评估过程中发现的控制缺陷，以及针对这些缺陷的补救措施及补救措施的实施计划等。

（6）评价报告结果使用

内部控制评价报告既是内部控制牵头部门完善内部控制的依据，也是内部审计工作开展的基本依据。内部控制牵头部门应高度重视评价报告，针对报告提出的问题，能整改的要立行整改；短期不能完成整改的，也应制定整改计划，积极推动整改。内部审计部门也应切实履行责任，督促内部控制牵头部门完成整改工作。

16.1.3　其他内部监督

纪检监督是内部监督的重要方式之一。科研事业单位应在制定年度纪检工作计划或监督重点时,将对内部控制的监督吸纳进去,明确监督重点、监督方式等,将内部控制监督作为纪检部门履职的一个方面。

除了纪检监督外,科研事业单位主要负责同志、内部控制工作领导小组、内部控制执行部门、使用部门在具体业务开展中,也同样履行监督职能。内部控制牵头部门应结合内部控制体系使用过程中各方提出的意见或建议,及时完善相关制度和管理流程。

16.2 外部监督

2022年3月1日起施行的《事业单位财务规则》第六十三条规定:"事业单位应当遵守财经纪律和财务制度,依法接受主管部门和财政、审计部门的监督。"对科研事业单位而言,这些监督都属于外部监督。

16.2.1 上级主管部门

来自上级部门的内部审计。上级主管部门在制定内部审计计划时,通常会把下属科研事业单位主要负责人的年度经济责任审计纳入计划一并进行审计。这对上级主管部门是内部审计,对科研事业单位则是外部审计。上级主管部门通过对下属事业单位负责人实施内部审计,会发现下属事业单位在内部控制、财务收支、项目管理、政府采购等方面存在的问题并发出整改通知书。下属单位按审计情况,做好整改工作。

除了内部审计外,来自上级主管部门的外部监督还有纪检监督等方式。纪检监督主要从不担当不作为、廉政建设、纪律检查等方面开展。检查内容包括"三重一大"制度落实情况、资金资产管理、政府采购专项检查、建设项目管理、合同管理等内容。

16.2.2 财政部门

《内控规范》第六十四条规定:"国务院财政部门及其派出机构和县级以上地方各级人民政府财政部门应当对单位内部控制的建立和实施情况进行监督检查,有针对性地提出检查意见和建议,并督促单位进行整改。"

来自财政部门的监督,主要以专项监督的方式进行。包括财务收支审计、银行账户管理检查、资金清查、资产配置、预算执行情况等多项内容。

16.2.3 审计部门

《内控规范》第六十四条规定："国务院审计机关及其派出机构和县级以上地方各级人民政府审计机关对单位进行审计时，应当调查了解单位内部控制建立和实施的有效性，揭示相关内部控制的缺陷，有针对性地提出审计处理意见和建议，并督促单位进行整改。"

外部审计实施比内部审计更规范。2022年1月1日起施行的《中华人民共和国审计法》，对审计机关职责、审计机关权限和审计程序进行了规定。2011年1月1日施行的《中华人民共和国国家审计准则》（审计署令第8号）对审计计划、审计实施、审计报告、审计结果公布、审计整改检查等都做了明确的规范，不再赘述。

无论是对内部控制的内部监督还是外部监督，最终目的都是一样的，都是通过监督，检查事业单位内部控制完善性和有效性，能否为科研事业单位履职尽责提供合理保证。作为科研事业单位的内部控制建设和执行机构，首先是不能认为内、外部监督是其他部门或单位例行公事，与己无关。内部控制建设和执行机构应学习内、外部监督的重点和监督方式，在日常工作中高标准做好内部控制体系建设和执行工作。其次应高度重视内、外部监督提出的问题，举一反三，做好整改工作，持续优化内部控制体系和相关制度流程。

第17章

内部控制信息化工作

17.1 案例分析

案例名称： 信息化建设为研究院发展赋能

某研究院是服务于某高新技术领域的高端制造研发单位。近年来，随着某研究院业务的快速发展和集研发、生产、销售于一体的特殊性，以及结合国家对科研经费支出的管理要求，某研究院对财务工作管理提出了精细化、标准化的要求。具体来讲，财务预算控制必须落实到位，财务资金管理必须收支有度，成本费用得到应有的控制。基于此，某研究所启动了内部控制信息化建设。建设目标是：建立由全面预算、合同管理、网上报销、会计核算、资金管理、财务决策支持平台六大系统构成的内部控制信息系统，建立起实现财务监督管理职能和业务财务一体化的信息化管理系统。建设思路是：实现业务与财务的互联互通，形成数据和信息的及时传递、准确记录并服务于决策要求，切实发挥管理服务业务的同时，监督管理控制业务的核心职能。建设内容：包括预算管理信息化、财务核算信息化、资金收支信息化、费用控制信息化、管理报表信息化等内容。经过一年的时间，某研究院完成了内部控制信息化建设。通过此次内部控制信息化建设，内部控制信息化工作作为重点工作，纳入单位未来发展规划；建成了信息化队伍，同时为信息化配备了充足的软硬件；业务层面，通过信息化工作主要实现了以下目标：预算管理对研究院发展战略、年度计划的承接；推动了会计核算能力从量变到质变的转变；资金衔接预算，以及对收支的月度控制；涵盖全业务的费用分摊和成本归集；合同对前段业务及终端收支的控制；财务决策指标的一键生成；资产实物与信息的全流程线上化管理；不同系统之间数据与信息集成共享。

案例分析： 信息化建设改善了某研究院的内部控制环境，优化了预算管理、合同管理等业务控制活动、内部信息生成与共享机制，实现了内部控制监督的自动化和实时化，提高了财务部门和业务部门的工作效率，也为加强内部管理提供了路径。

17.2 内部控制信息化概述

17.2.1 内部控制信息化的定义

1999年，中国注册会计师协会制定的《独立审计准则第20号——计算机信息系统环境下的审计》提出，信息系统内部控制应该包含一般控制与应用控制。同时明确对"一般控制"审计的重点：组织与管理控制、应用系统开发和维护控制、计算机操作控制、系统软件控制和数据和程序控制。"应用控制"的审计重点：输入控制、计算机处理与数据文件控制和输出控制。审计的重点，即科研事业单位内部控制信息化的重点。

2010年，财政部发布的《企业内部控制应用指引第18号——信息系统》规定，信息系统是指企业利用计算机和通信技术，对内部控制进行集成、转化和提升所形成的信息化管理平台。这个概念同样适用于科研事业单位。信息技术是信息系统的重要组成部分，是实现信息系统的重要工具，是信息系统与科研事业单位业务之间信息转化的桥梁。

如何理解信息技术和信息系统的关系？信息技术是指管理和处理信息时所采用的各种技术的总称，主要是应用计算机科学与通信技术来设计、开发、安装和实施信息系统及应用软件，也常被称为信息和通信技术，主要包括传感技术、计算机技术和通信技术等。

当前，以网络和计算机为代表的信息技术、以大数据、智能技术、移动互联、云计算、物联网以及区块链等为代表的新兴技术应用日益广泛。内部控制信息化，即通过信息技术和信息化手段的利用，将内部控制要执行的措施、实施的程序嵌入信息系统，实现由"人工控制"向"机器控制"的转变。以某科研事业单位为例，该单位的用款计划审核权限为，低于1万元的用款计划由部门分管领导审核，1万~5万元的用款计划由分管财务领导审核，5万~10万元的用款计划由单位主要领导审核，10万元以上的用款计划由单位"三重一大"议事决策集体审议。信息化归口部门将该审核权限嵌入信息系统后，系统会依据用款计划，自动推送至相关领导进行审核；10万元以上的用款计划，系统将提示上传"三重一大"会议纪要。如无会议纪要，系统将提示用款计划发起人上传"三重一大"会议汇报材料，随后将汇报材料推送至"三重一大"决策会议秘书处，等待集体决议。

17.2.2 内部控制信息化的外部要求

2012年，财政部发布的《内控规范》明确，单位应当充分运用现代科学技术手段加强内部控制。对信息系统建设实施归口管理，将经济活动及其内部控制流程嵌入单位信息系统中，减少或消除人为操纵因素，保护信息安全。

2015年，财政部发布的《关于全面推进行政事业单位内部控制建设的指导意见》，提出内部控制建设的总体目标是，以全面执行《内控规范》为抓手，以规范单位经济和业务活动有序运行为主线，以内部控制量化评价为导向，以信息系统为支撑，突出规范重点领域、关键岗位的经济和业务活动运行流程、制约措施，逐步将控制对象从经济活动层面拓展到全部业务活动和内部权力运行，到2020年，基本建成与国家治理体系和治理能力现代化相适应的，权责一致、制衡有效、运行顺畅、执行有力、管理科学的内部控制体系，更好发挥内部控制在提升内部治理水平、规范内部权力运行、促进依法行政、推进廉政建设中的重要作用。在保障措施方面，明确提出各单位要充分利用信息化手段，组织、推动本单位内部控制建设，并对建立与实施内部控制的有效性承担领导责任。

2021年，《国务院关于进一步深化预算管理制度改革的意见》（国发〔2021〕5号）出台，提出通过建立预算一体化系统等方式提高预算管理信息化水平。2022年，财政部、人民银行发布《关于印发〈中央财政预算管理一体化资金支付管理办法（试行）〉的通知》（财库〔2022〕5号），为中央财政预算一体化建设试点顺利进行提供保障。

17.2.3 内部控制信息化的内部需求

（1）财务部门对内部控制信息化的愿望迫切

表17-1列举了科研事业单位财务部门日常主要业务的开展情况。可以看到，财务相关业务模块分布于互联网、财政专网和内部局域网，这些业务模块之间互不联通。以预决算为例，预算控制模块建立在内部局域网，相关支出通过互联网和财政专网支出。预算控制需要财务部门通过局域网手动控制，非常容易造成无预算支出或超预算支出情况发生。年底决算时，因在互联网和财政专网均有支出业务，财务部门需要手工汇总两网支出数据，工作量成倍增加，

手工汇总又极易出错,最终可能导致决算出现错误。不真实的决算又会给新一年预算提供不准确的测算依据,造成预算控制失败。所以从减轻财务重复工作量、降低工作出错率、提升工作效率等方面看,财务部门对内部控制信息化的需求是非常迫切的。

表17-1 科研事业单位财务部门相关业务开展及网络环境示例

序号	主要工作	相关业务	网络环境
1	税务业务	个人所得税申报及缴纳、开具增值税发票、增值税进项税验证抵扣、增值税及附加、所得税、工会经费、残疾人保障金等申报及缴纳	互联网
2	社保业务	社保缴纳	
3	公积金业务	公积金缴纳	
4	银行业务	工资代发,日常网银支付	
5	财务工作	日常财务记账、报表等工作	
6	统计季报	统计季报填报	
7	政府采购	政府采购预算和计划编制、实施采购、相关报表统计	
8	报表填报	资产月报、统计季报、年度内控报告填报等	
9	资产管理	资产管理信息查询、资产新增、处置、折旧、年度财产报告等	财政专网
10	国库支付	月度用款计划申请及审批、支付申请及审批、国库支付凭证提交及审批等	
11	预算模块	预算编制、调整、执行、绩效评估等及决算	内部局域网
12	报销模块	事项申请、报销、公务借款、提前预开发票(收据)等	

(2)管理部门对内部控制信息化程度的日益提高

近年来,各地都在推进事业单位改革。无论是公益类事业单位,还是从事经营活动的事业单位,深化改革都对单位提升管理水平和效率提出更高的要求。随着信息技术发展,信息化建设成为单位管理工作的重要抓手之一。在信息化飞速发展时代,科研事业单位的管理日趋精细化。科研事业单位运行过程中,随时需要有精准、快捷的第一手大数据做支撑,以便于领导班子进行快速决策和管理,从而告别依靠领导个人经验和直觉决策现象,让决策效率更高、决策更民主、更专业、更科学。随着科研事业单位管理团队的年轻化，无论是领导班子还是中层管理者，都希望提升内部控制工作信息化程度，更好开展管理和服务工作。

17.3 内部控制信息化建设

17.3.1 评估单位内部控制信息化建设现状

每家科研事业单位的内部控制信息化现状和标准都不一样。有的单位可能是按照上级管理部门要求，信息化按照最低配置标准进行建设。例如按照政府会计制度要求，为财务部门购买会计记账、工资核算等模块或软件。按照当地预算一体化的要求，将会计核算软件进行升级完善或购买相关系统后，在当地政务专网开展预算管理、国库支付等相关业务工作；按照上级管理部门对资产管理的要求，在行政事业单位资产管理信息系统进行资产管理。上级管理部门没有明确要求的，也就没纳入信息化建设内容。有的科研事业单位"一把手"要求高，或者单位有充裕的配套资金支持，建立了很多内部控制信息化模块。但是也可能存在信息化模块"多头管理不共享"现象，例如人事部门使用的人事管理系统，科研管理部门使用的科研项目管理系统，档案管理部门使用的档案信息化系统等。这些信息系统按当时单位业务需要或资金情况而建设，缺少整体规划且这些系统很难在一个更高信息化平台上实现融合。每家单位的内部控制信息化基础条件、业务需求、网络环境、经费情况都不一样，因此也没必要照着统一的标准建设内部控制信息化体系。但是，一旦科研事业单位计划启动内部控制信息化建设，信息化建设的归口部门应结合规划建设目标，全面彻底地评估所在单位的内部控制信息化现状，摸清底数，为下一步内部控制体系信息化建设奠定基础。

17.3.2 进行内部控制信息化顶层设计

在底数清楚的基础上，结合单位内部控制信息化建设目标，启动信息化顶层设计。顶层设计至少要考虑几个方面。一是思路清晰。顶层设计应基于现有业务信息化需求、信息化现状、信息化目标、资金预算等情况，寻找信息化建设的最佳切入点并适当为未来业务信息化发展"留白"。二是目标明确。实现哪些系统间的互通融合，建成什么样的信息化系统，预期达到什么样的信息化水平，做到心中有数。三是建设内容清晰。结合单位实际，清晰规划单位层面、业务层面信息化建设内容和目标要求。例如以预算控制为例，纵向要做到与外部财政部门、审计部门等数据无缝衔接，内部要做到预算控制从"三重一大"决策起点、收支控制、合同控制、采购控制、建设项目控制等环节全流程覆盖，同时还应考虑预算执行、监督、绩效考核等各环节的衔接。四是保障措施可行。有归口的信息化建设部门和团队支撑，有必要的预算资金支持，有突发事件的备选应对方案等。

17.3.3 推动内部控制信息化方案落地实施

形成信息化顶层设计，经单位"三重一大"集体议事决策或专家论证后，进入内部控制信息化实施落地阶段。这是一个将"图纸"落地的过程，也是一个检验顶层设计是否切合实际的过程。一应制定信息化落地方案，具体明确相关部门职责和具体工作。如成立网络优化工作小组、软硬件采购工作小组、流程设置工作小组、系统调试工作小组等。二是做好新旧系统过渡与衔接。做好调试工作，实现新系统与旧系统的平稳过渡，实现议事决策、预算管理、合同管理、政府采购管理、建设项目管理、收支系统等系统间的平稳衔接，优化信息流程，避免在使用上给全体员工造成困扰。三是做好宣传培训工作。制定培训手册，由单位内部控制信息化归口部门或第三方服务机构组织开展信息化系统建设和使用工作培训，让全体员工尽快适应并熟练使用新系统。

17.3.4 调整优化内部控制信息化

实际使用和操作是检验信息化系统设计的最佳途径。在内部控制信息化运行阶段需要开展的工作主要有：一是搜集建议。内部控制信息化建设归口部门应积极搜集单位财务部门、审计部门、合同管理部门、科研管理部门、基础建设管理部门、审计部门、监督部门等反馈的使用建议或问题，形成问题清单。二是调试优化。内部控制信息化建设归口部门可以解决的问题，应第一时间进行调试，优化相关流程；归口部门解决不了的，应联系第三方专业机构进行修改完善。三是及时总结。针对内部控制信息化运行中存在的问题，归口部门应及时总结，"举一反三"，超前谋划，随时完善更新内部控制信息化系统。

第18章

内部控制建设维护

经历了前面章节的过程后，科研事业单位最终形成了内部控制建设的交付物，即《内部控制制度汇编》和《内部控制手册》，内部控制的"四梁八柱"基本形成，基本建设工作可以告一段落。对科研事业单位其他部门，需要做的是按《内部控制制度汇编》和《内部控制手册》相关要求，严格执行内部控制制度和相关流程。对内部控制牵头部门，则需要持续关注科研事业单位内外部环境变化、关注内部控制执行过程中发现的问题，及时对内部控制建设体系、信息化系统建设等进行完善，使内部控制建设与单位发展始终相匹配。对内部控制建设部门来说，内部控制建设永远在路上。因此应从内部控制体系建设启动的第一天起，就长远谋划相关工作，做到有的放矢。做好内部控制建设维护，可从以下几个方面开展相关工作。

18.1 加强内部控制队伍建设

很多科研事业单位，可能是在第三方咨询机构的支持下，完成了单位内部控制体系建设，也可能是依靠单位自身力量，完成了内部控制体系建设。无论科研事业单位以怎样的方式完成了内部控制体系建设，现在，由单位来具体实施内部控制工作，一般要归口到某个具体部门对内部控制体系进行完善维护。财政部《内部控制规范》提到，内部控制与行政事业单位经济活动紧密相关，因此很多单位的内部控制工作建设、执行和维护都由财务部门牵头。财务部门对内部控制的认识程度，直接决定一个单位的内部控制水平。因此，加强以财务部门人员为主的内部控制团队建设，至关重要。

18.1.1 关注与内部控制相关的书籍

通过检索，会发现目前与内部控制建设相关的书籍主要分为两类，一类以企业内部控制为主，一类以行政事业单位内部控制建设为主。科研事业单位内部控制牵头部门可以购买部分书籍或网络课程进行学习，提升对内部控制学科、内部控制体系建设的认知。学习主要有三个方面：

第一方面，了解内部控制基本理论。内部控制属于社会科学中的管理学类学科，通过学习《内部控制学》等课程，了解内部控制的基本概念、基础理论和基本内部控制方法等。理论认识上去之后，才更有助于内部控制具体实践的开展。有兴趣的读者，可以扩展读《COSO内部控制实施指南》等，掌握内部控制建设的基本理论。

第二方面，了解内部控制各部分之间的关系。内部控制由风险评估、单位层面内部控制、业务层面内部控制、内部评价与监督、内部控制信息化等构成。每个部分由哪些重点工作构成，哪些工作每年都要开展，内部控制各部分之间如何衔接，这些都需要内部控制牵头部门统筹规划，制定年度工作计划，由风险评估部门、内部控制评价部门、内部审计部门、业务部门等分头执行相关工作。

第三方面，了解内部控制建设细节。在这个阶段，科研事业单位都已经完成内部控制体系建设，形成了《内部控制制度汇编》和《内部控制手册》标志性成果。但为了做好内部控制建设维护，内部控制牵头部门还是很有必要重新读一些内部控制建设的书籍。一是结合书籍内容，对照所在单位内部控制建设情况"回头看"，查看有无内部控制漏项或内部控制措施、程序执行不当情况；二是结合相关作者在内部控制建设过程中的经验，取长补短，完善内部控制体系建设。

相对企业内部控制研究，行政事业单位内部控制研究相关书籍不多。内部控制牵头部门可以选择部分代表性书籍进行学习。通过广泛学习，特别是仔细阅读作者写的前言、点评、备注等，可总体把握作者写这本书的初衷、主要内容、关键问题的处理方法等；阅读研究学者为作者写的推荐序，可以迅速发现这些书的闪光点，进行选择性重点阅读。例如，读内部审计专家为某本书写的推荐序，我们就会主动思考为什么内部审计专家会对内部控制感兴趣，实际运行过程中内部审计跟内部控制是什么关系，内部审计如何促进内部控制建设和实施。带着这些问题阅读，应该能获得事半功倍的效果。还有一种情况是，财务部门作为内部控制建设牵头部门，之前很少系统了解内部控制建设，很难坚持将相关书籍读下去。遇到这样的情况，相关人员应结合自身从事的会计、出纳、政府采购等工作，从内部控制执行者的角度，审视自身熟悉的工作是否符合内部控制设计。代入角色，从不同角度坚持读内部控制的书，也能收到很好的效果。

18.1.2 关注与内部控制相关的政策变化

第一方面，关注内部控制规范的变化。目前有效的文件是2012年财政部发布的《内控规范》。2021年财政部发布《会计改革与发展"十四五"规划纲要》，明确提出要全面修订《内控规范》。待新《内控规范》出台后，内部控制牵头部门应按新《内控规范》要求，逐一梳理，完善、维护单位内部控制体系建设情况。

第二方面，关注上位相关政策的变化。2020年至今，与科研事业单位内部控制相关的很多制度都发生变化。如近年施行的《中华人民共和国民法典》《中华人民共和国审计法》《事业单位国有资产管理暂行办法》《中央行政事业单位国有资产处置管理办法》《行政事业性国有资产管理条例》《事业单位财务规则》等，与原来政策法规都有较大变化。相关人员应及时关注这些政策的变化，动态调整单位《内部控制制度汇编》《内部控制手册》，规避相关风险。

18.1.3 关注内部控制执行过程中发现的问题

如果制定的制度、执行的程序、采取的措施既不能有效防范风险，执行流程又非常复杂，那就必须对内部控制进行维护和优化了。作为经济业务的起点和终点，所有的经济业务流程都要从财务部门经过，所有与财务部门打交道的员工都会吐槽哪些环节太复杂，哪些环节是无效审核。财务部门有着得天独厚的优势条件，可以发现内部控制流程不畅或措施无效的问题。

一应随时记录经济业务开展过程中，员工反映问题最多的环节。财务部门应安排专人观察员工反映问题最多的环节，准确识别是流程真有问题，还是因为流程过于严格，员工不愿执行。如果是流程真有问题，例如国库支付环节是否有一人完成全过程，政府采购过程中对标书的内容有无审核环节，重点合同的起草有无律师审核环节、报销环节对发票的真伪有无验证程序，等等。财务部门应在处理财务日常工作过程中，将真问题、真风险识别出来，为完善内部控制提供依据。

二应观察内部控制各环节运行和衔接情况。内部控制是一项系统工程，其中来自单位内部的风险评估、内部评价、内部审计、日常监督，来自外部的审计和巡视监督，其所反馈的结果都将推动内部控制的持续优化和完善。内部控制牵头部门在做好本职工作的同时，也应关注风险评估、内部审计等工作的开展过程和最终结果，做好结果运用工作。将风险评估、内部审计等提出的问题，通过修订或新建制度、完善程序、执行新的措施逐个解决，降低潜在的风险。

三应关注同行业单位内部控制建设情况。内部控制建设和执行比较好的单位，其整体运行情况应该是不错的；反之，内部控制体系建设不完整的单位，其整体运行情况应该也一般。科研事业单位应关注与自己同类型事业单位内部控制体系建设和管理情况，通过定期交流、实地参观、流程演示等多种方式，借鉴优秀经验和做法，提升单位在同类型单位中的内部控制水平。

18.2 优化《内部控制制度汇编》和《内部控制手册》

科研事业单位在培养一支水平比较高的内部控制建设队伍后，内部控制完善和维护工作相对好开展一些。同时由于《内部控制制度汇编》和《内部控制手册》的修订完善不是从零开始，所以只要风险点明确，有可行的措施或程序可以降低风险，在不违背上位制度和不脱离单位实际的情况下，修订完善工作相对容易开展。但也需要注意几个方面的问题：一是修订不能过于频繁。具体来说，常规风险评估每年开展一次，《内部控制制度汇编》和《内部控制手册》结合风险评估、自我评价等结果，最好一年一修订（当然遇重大风险和漏洞，应立即修订的除外）。过于频繁的修订，会让全体员工无所适从，反而降低内部控制制度的权威性。二是应明示修订的内容。牵头修订制度的部门，应在显著位置标明哪里做了修改，并与修订前的条款进行对比。醒目的对比让使用者一目了然，也会提醒使用者按修订后的制度或流程执行。三是做好新旧制度的衔接和培训工作。新的制度或流程一旦经单位"三重一大"审议确定后，不得随意更改。同时应做好新的制度和流程的使用培训工作，让员工尽快适应并执行新的内部控制制度。

18.3 优化内部控制信息化相关内容

在完成《内部控制制度汇编》和《内部控制手册》修订的基础上,科研事业单位应组织信息化管理归口部门,启动相关信息系统完善、流程优化等工作。完善内部控制信息化的过程中,有几个方面应注意把握。一是相关完善工作应在单位制定的内部控制信息化规划或实施方案的前提下开展。避免过于强调优化某些环节或流程,而忽略单位整体内部控制信息化规划实施。二是信息化软件、系统的开发应适当超前。通过公开招标等方式,向适合的软件公司购买服务,将完善后的内部控制理念、控制流程、控制方法等要素通过信息化手段固化到信息系统,同时应考虑为后期多业务的加入预留适当的空间;加强各相关系统、各业务模块的数据资源共享,提升信息化平台运行效率。三是确保信息系统安全。无论以什么样的方式完善内部控制信息化,第一位要考虑的始终是信息系统的安全性。因此在完善相关工作的同时,应做好相关数据的安全风险控制,防止为了避免某一类风险而又新增更多风险的现象发生。

18.4 内部控制日常优化维护

内部控制是一项全员参与的工作。如果一个单位的内部控制工作,只有内部控制工作领导小组和牵头部门熟知,基本上是失败的内部控制。日常维护应从几个方面入手:

一是分层次开展培训。对内部控制工作领导小组和牵头部门,需要全面系统培训学习内部控制相关理论、控制方法、控制要求等,为进一步做好内部控制工作奠定基础;对各部门负责人,需要全面培训内部控制的建设、风险评估、内部评价、内部审计、外部巡视各部分工作之间的关系,确保各部门负责人能带头遵守并执行内部控制制度;对普通员工,应培训学习内部控制、风险控制等基本理念,预算、收支等业务的基本控制点,明确各项制度和流程执行标准。

二是加强内部控制工作在单位的显示度。内部控制无处不在,与单位的党风廉政建设工作、反腐败工作、廉洁文化建设、管理水平、业务发展都息息相关。单位应充分运用网站、公众号等各类平台，结合单位具体内部控制案例加强对内部控制的宣传。通过参加单位举办的警示教育会议、党风廉政建设会议等方式，深刻剖析警示案例背后的内部控制失败的情况，让身边的内部控制深入员工内心。

三是通过年度内部控制报告工作进行优化。按财政部的要求，单位每年都需要上报内部控制执行和实施报告。结合内部控制报告工作开展，单位每年可召开内部控制交流会，通报上一年度内部控制报告评价结果，对内部控制执行较好的部门进行表扬，对做得不好的部门提出批评。交流各部门内部控制的经验、主要做法和成效，讨论内部控制工作中存在的问题和遇到的困难，对单位内部控制工作提出意见或建议等；同时可结合当年度内部控制报告编制，要求相关部门汇报并提供"三重一大"执行情况、合同签订情况、政府采购情况、信息化建设情况等。以一年一报告、一年一汇报的方式，实现对内部控制的日常优化。

第 19 章

关于内部控制体系建设的思考

第 19 章 关于内部控制体系建设的思考

写到这里，本书接近尾声。回望内部控制体系建设这项工作，还是有一些体会跟读者分享。一些科研事业单位内部控制建设牵头部门的负责人在接到开展内部控制体系建设这项工作时，内心一片空白，既不知道内部控制是什么，又不知道怎么干，从哪里开始干。有的单位虽然明确了内部控制建设牵头部门，但是这个部门也是将这项工作外包给第三方机构来做。短期来看，在第三方机构的帮助下，内部控制体系建设看上去"形神兼备"。但是随着内部控制体系建设阶段性任务的完成，第三方机构的使命也就结束了。以后每个年度的内部控制培训、风险评估、自我评价与监督、完善优化、信息化迭代，还是要由单位的内部控制牵头部门、风险评估部门、监督部门等合力完成。如果前期没有扎实的工作基础，在第三方机构离开后，一个单位后续内部控制体系建设的完善、优化就很难进行下去。因此，内部控制要想成为单位的主责主业，要想长期坚持下去并做得更好，内部控制牵头部门还是需要付出很多努力的。有几个小的建议，或许能推动内部控制牵头部门将此项工作做得更好。

19.1 换个角度看内部控制

换个角度看内部控制，也许才能更好地了解内部控制。对单位内部控制牵头部门来说，"内部"一词好理解。"内部"相对"外部"，指的不是别人的事情，都是单位自己的事情。"控制"一词有点不好理解，要控制什么事情，要控制哪些环节。一般来看，大家都赞成对他人的控制而不愿意对自己有所约束。事实上，管理与控制是融为一体的，管理即控制。这样一来，"内部控制"可以通俗理解为"单位内部的管理"。再延伸一些，借鉴《内控规范》的概念，"内部控制"即对"单位经济活动的管理"，将来更是要转向对单位全部业务的管理。管理是方方面面的，单位内部控制牵头部门如果能从加强单位管理的角度来认识和开展内部控制，那么内部控制才能深度融入单位的日常工作，才能彻底实现从外部的"要我内控"向内在的"我要内控"转变。

跳出内部控制看内部控制。对内部控制建设牵头部门来说，从"零"开始建设单位的内部控制体系是一个很难的过程。但是如果没有这个阶段的摸索和积累，后续的完善优化更难，因为根本不知道从哪里下手完善优化。所以从

"零"开始,就需要跳出内部控制看内部控制,多角度了解内部控制是什么。建议相关人员可以通过读一些文献或书籍,例如从依法治国的角度,从《中华人民共和国预算法》《中华人民共和国民法典》等法律法规中学习对内部控制体系建设是如何要求的;可以从加强国家治理体系和治理能力现代化角度,学习对基层单位内部控制建设是如何要求的;可以从落实全面从严治党总体要求,从加强廉政风险防控机制建设,从"不敢腐、不能腐、不想腐"的角度学习对内部控制建设是如何要求的;可以从巡视巡查、内(外)部审计、各类专项检查的角度,学习对内部控制是如何要求的;可以从深化科研事业单位机构改革的角度,学习对内部控制建设是如何要求的;可以从深化预算管理制度改革的角度,学习对内部控制体系建设是如何要求的;可以从历年内部控制报告的填报要求变化,学习对内部控制体系建设的要求;甚至可以从网站公布的一些违纪违法案例,学习如何加强单位内部控制建设。这些看似互不相关、来自四面八方的信息,最终将形成对内部控制的全面认识。此时,内部控制建设牵头部门虽然不一定能准确表达内部控制是什么,但是已经知道内部控制建设该从哪些方面开展了。

回到内部控制看内部控制。每家科研事业单位所处的外部环境、发展阶段、职责使命和业务范围都是不一样的,这也注定每家科研事业单位的内部控制体系是不一样的。因此,内部控制体系建设,最终要"聚焦"本单位的需求。这个时候,单位强大的内部控制建设工作小组就需要发挥作用了。工作小组需要全面了解所在单位的组织构架、议事决策规则、财务机构设置、关键岗位设置、关键人员配备、信息化建设现状等情况,每一个事项都有很多具体的工作等待开展;需要了解单位全部经济业务是如何开展的,这些业务的开展,有哪些潜在的经济风险?如何去识别这些风险,用什么方法、采取哪些措施、执行哪些程序来应对这些风险?总之,开展内部控制体系建设,相当于对单位进行一次全面"体检",同时要针对发现的问题,提出改进措施并推动执行。经过一轮内部控制体系建设,单位内部控制牵头部门、内部控制建设工作小组成员也实现了与单位的共同成长,成为单位内部控制合格的"建设者"。

19.2 培育优秀的内部控制建设团队

优秀的内部控制建设团队,是内部控制保持生命力的保障。内部控制是一项系统性工程,建设、完善和优化永远没有终点。因此,培育一支优秀的内部控制团队是非常重要的。整体来看,优秀的团队应具备以下几个特征。

始终不忘内部控制建设的"初心"。内部控制的工作做多了,内部控制建设部门会对"合规""制度""刚性"等形成执念,很容易陷入自己的"一亩三分地",有时会过于强调内部控制的重要性,会有为了内部控制而进行内部控制的现象发生。但是,我们不能忘记科研事业单位开展内部控制的初衷是什么。所有的内部控制,最终目的都是为单位事业发展、履职尽责提供保证条件。抛开一个单位的事业和业务发展谈内部控制,是没有任何意义的。因此,内部控制一定是要为单位事业发展服务的,应站在事业发展、业务开展的角度实施和执行内部控制,兼顾内部控制的原则性与灵活性。

始终不凌驾于任何部门之上。内部控制体系建设最基本的要求是,任何人都不能凌驾于内部控制之上,内部控制部门的员工也是一样的。从事内部控制体系建设工作的时间久了,内部控制牵头部门不自觉就会站到业务部门的对立面,同时也容易和内部审计部门、监督部门在工作上形成交叉。因此,内部控制建设牵头部门一定要摆正位置,不忘内部控制建设的"初心"。内部控制建设工作起源于财务内部控制,内部控制牵头部门又大多设置在财务部门。因此,财务部门应通过多种方式提升业务、财务融合能力,与业务部门形成相互配合、共同合作的共同体,推动内部控制为单位业务发展提供保障。内部控制建设部门与内部审计部门、监督部门分工不同,但目标是一致的。内部审计的职责之一就是对本单位内部控制建设和实施情况进行审计。由此可见,内部审计是科研事业单位内部控制建设的关键环节。内部监督应当与内部控制的建立和实施保持相对独立,由内部监督部门对单位内部控制建立与实施情况进行监督检查。内部控制建设牵头部门一方面应结合风险评估结果,及时健全内部控制制度,优化内部控制流程,"防未病";另一方面应结合内部审计、内部监督部门提出的问题,完善制度,制定程序和采取必要措施,积极整改,"治已病"。

始终保持队伍的专业水平。内部控制是"一把手"工程。但是如何把"一把手"对内部控制建设的要求落实好,在一定程度上还是要取决于单位内部控制建设这支团队。首先,这支队伍应该有一个优秀的带头人。带头人应具备良好的管理水平和业务水平,能够预判风险,未雨绸缪,高屋建瓴制定内部控制体系建设规划,并带动团队成员克服种种困难,推动内部控制体系建设实施和落地。其次,成员的专业背景要足够广泛。从内部控制建设覆盖范围和建设要求来看,涉及战略规划、法律、人力资源、预算、收支、政府采购、合同、基建、信息化等各方面。只有财务背景显然是不够的,需要吸纳具有管理学、法学、审计学、经济学、信息学等相关背景的人员加入。最后,时刻保持对内部控制工作的热爱,热爱是做好一切工作的动力之源。内部控制建设团队对内部控制建设工作的热爱,是确保单位内部控制工作生命力和活力的重要因素。内部控制建设团队要随着单位内部环境和外部环境的变化,始终保持爱岗敬业的品质、勤奋有效的工作能力,始终保持敏锐、感知风险的变化,持续学习内部控制相关理论和法律法规,推动内部控制建设工作组成员按时间节点,高质高效开展工作。

19.3 慎终如始对待内部控制体系建设

"民之从事,常于几成而败之。不慎终也。慎终如始,则无败事。"《道德经》里这句话的意思是,人们做事,经常是在快要成功的时候失败,其原因就是不能在快要到终点的时候保持谨慎的态度。内部控制建设也是这样,很多单位在前期花费了大量的人力物力,搭建了覆盖单位层面和业务层面的内部控制体系,也完成了信息化建设,针对全体员工开展了内部控制建设培训,制定了《内部控制制度汇编》和《内部控制手册》。一开始,内部控制各项工作都在轨道上有序开展。但随着单位内外部环境的变化,如单位外部业务市场环境发生变化,或者单位领导发生变化,或者内部控制牵头部门发生变化,内部控制制度执行的随意性逐渐增加,慢慢演变成内部控制制度与业务"两张皮",最后不了了之,直至内部控制完全失效。因此,为了保持一个单位内部控制的落地实施,有几点需要关注。

单位领导对内部控制建设的态度非常重要。单位负责人应对本单位内部控制的建立健全和有效实施负责，言行一致，高度重视单位内部控制体系建设与实施的方方面面。"一把手"对内部控制工作所表现出的态度、行为及其向员工传递的信息构成了"高层的基调（Tone at the Top）"，单位高层的基调对内部控制的建设和实施具有深远的影响和重要意义。简单来说，如果单位"一把手"重视内部控制体系建设，员工也会更加重视；单位"一把手"不重视内部控制体系建设，员工就更加不会重视。因此，单位"一把手"应负责并参与到单位的内部控制建设工作中，如担任单位内部控制建设工作领导小组组长，负责内部控制的全局性和把方向的工作；参与单位内部控制体系建设及实施方案编制，定期听取内部工作建设工作进展，听取风险评估部门对内部控制风险的评估并提出积极应对措施；参加内部控制培训，加强对内部控制建设工作的宣贯；参与"三重一大"等关键内部控制制度的制定、修订或完善；听取内部控制自我评价报告，审定内部控制缺陷并提出整改意见。听取内部审计部门对内部控制建设和实施的审计情况，并做好审计整改、审计结果运用等工作。总之，单位"一把手"应全面参与到内部控制建设工作中来，才能带动单位全体员工重视、参与并执行内部控制制度。

重视内部控制团队建设和信息化投入。内部控制建设团队的认知水平，决定了单位内部控制体系建设的水平。有条件的单位，最好建立专门的内部控制建设部门，招聘具有法律、财务、管理等背景的员工充实内部控制团队。支持内部控制团队参加相关的会议、培训或课程，提升团队开展内部控制体系建设、执行和完善的能力和水平。除了对内部控制体系建设团队的投入外，信息化建设应该是单位内部控制体系建设工作最值得投入的地方。向数字化管理转型已经是科研事业单位当下面临的必然趋势，数字化将提升工作效率、快速辅助管理决策、减少或消除人为操纵因素，保护信息安全；数字化赋予科研事业单位基于技术和信息快速创造价值的能力，对提升科研事业单位服务社会的效率和效果等方面具有重要意义。因此，科研事业单位越早在内部控制信息化方面投入资金，将越早感受到内部控制信息化带来的便利。

重视内部控制制度的执行。制度的生命力在于执行，更何况要执行的还是一大本的《内部控制制度汇编》。科研事业单位前期花了大量时间精力，编制了《内部控制制度汇编》，如果制度不执行，那么内部控制毫无意义。因此，内部控制建设牵头部门首先应做好内部控制文化的培育、相关制度的宣传和培训工作，让全体员工从心里认同这些制度；其次，单位的预算管理、收支管理、政府采购管理等关键岗位应严格执行内部控制度和内部控制流程，切实做到"制度面前，人人平等"；再有，单位的领导应带头执行制度，让制度说了算而不是自己说了算，切实提高内部控制制度执行的权威性。

参考文献

[1] 李素鹏. 行政事业单位内部控制体系建设全流程操作指南[M]. 北京：人民邮电出版社，2020.

[2] 李素鹏. 企业风控制体系建设全流程操作指南[M]. 北京：人民邮电出版社，2020.

[3] 李素鹏，叶一珺，李昕原，等. 合规管理体系标准解读及建设指南[M]. 北京：人民邮电出版社，2021.

[4] 王德敏，李超超. 行政事业单位内部控制精细化管理全案[M]. 北京：中国劳动社会保障出版社，2020.

[5] 穆勒. 新版COSO内部控制实施指南[M]. 秦荣生，张庆龙，韩菲，译. 北京：电子工业出版社，2019.

[6] 朱效平. 法治视角下行政事业单位内部控制研究[M]. 济南：山东大学出版社，2019.

[7] 王海荣. 内控总监工作笔记[M]. 北京：人民邮电出版社，2018.

[8] 黄的祥，蓝茂. 行政事业单位内部控制实操方案[M]. 西安：西北工业大学出版社，2018.

[9] 张庆龙. 行政事业单位内部控制建设原理与操作实务[M]. 北京：电子工业出版社，2017.

[10] 刘永泽，唐大鹏. 行政事业单位内部控制实务操作指南[M]. 大连：东北财经大学出版社，2016.

[11] 郝建国，陈胜华，王秋红. 行政事业单位内部控制规范实际操作范本[M]. 北京：中国市场出版社，2015.

[12] 方周文，张庆龙，聂兴凯. 行政事业单位内部控制规范讲解[M]. 上海：立信会计出版社，2013.

[13] 池国华，樊子君. 内部控制学[M]. 北京：北京大学出版社，2010.

[14] 孙静. 中国事业单位管理体制改革研究[D]. 武汉：武汉大学，2005.

[15] 鲍蓉. 制度改革研究[M]. 北京：中国社会科学出版社，2020.

[16] 许铭桂. 我国事业单位改革历程回顾与分析[J]. 人事天地，2013(02):11-15.

[17] 李学明，苗月霞. 科研事业单位人事制度改革研究. 北京：中国社会科学出版社，2020.

[18] 梁步腾. 构建行政事业单位内部控制规范的对策建议[J]. 会计之友，2012(31):70-71.

[19] 晋晓琴. 《行政事业单位内部控制规范》（征求意见稿）浅析[J]. 财会通讯，2013(13):90-92.

[20] 王海红. 关于实施《行政事业单位内部控制规范（试行）》的思考[J]. 会计之友, 2014(06):24-26.

[21] 张庆龙，马雯. 中国首份行政事业单位内部控制实施情况白皮书[一][J]. 会计之友, 2015(13):6-11.

[22] 张庆龙，马雯. 中国首份行政事业单位内部控制实施情况白皮书[二][J]. 会计之友, 2015(14):12-19.

[23] 张庆龙，马雯. 中国首份行政事业单位内部控制实施情况白皮书[三][J]. 会计之友, 2015(15):7-13.

[24] 张庆龙，马雯. 中国首份行政事业单位内部控制实施情况白皮书[四][J]. 会计之友, 2015(16):11-14.

[25] 倪小平，汤风琴. 行政事业单位内部控制发展趋势的探讨——基于2017年度行政事业单位内部控制报告的变化分析[J]. 中国注册会计师, 2018(04):95-97.

[26] 谢铁娟，许娟. 行政事业单位内部控制报告现状分析——基于省级以上行政事业单位内部控制报告问卷调查的分析[J]. 财务与会计, 2019(14):8-11.

[27] 白华. 论行政事业单位内部控制建设中的十大关系[J]. 会计与经济研究, 2018, 32(06):3-18.

[28] 陶新平，袁敏. 行政事业单位内部控制建设：问题与改进[J]. 财务与会计, 2020(22):83-84.

[29] 吴素梅，翟昌福，翟春燕. 浅谈行政事业单位内部控制规范与制度[J]. 财会通讯, 2018(32):127-128.

[30] 潘迎喜，董素. 加强行政事业单位内部控制制度建设的思考[J]. 经济研究参考, 2016(64):38-40.

[31] 蒋崴. 行政事业单位建立内部控制制度的误区反思[J]. 财会月刊, 2017(07):48-52.

[32] 程平，魏友婕. 基于数据仓库的行政事业单位资产管理内部控制评价——以重庆海事局为例[J]. 财会月刊, 2019(16):57-62.

[33] 程平，彭兰雅，郭奕君. 基于数据仓库的行政事业单位建设项目内部控制评价——以重庆海事局为例[J]. 财会月刊, 2019(15):59-64.

[34] 程平，文少波. 基于数据仓库的行政事业单位预算管理内部控制评价——以重庆海事局为例[J]. 财会月刊, 2019(18):59-63.

[35] 程平，杜姗. 基于数据仓库的行政事业单位采购管理内部控制评价——以重庆海事局为例[J]. 财会月刊, 2019(17):53-57.

[36] 程平，何昱衡. 基于数据仓库的行政事业单位合同管理内部控制评价——以重庆海事局为例[J]. 财会月刊, 2019(19):59-63.

[37] 程平,杨霁莞. 基于数据仓库的行政事业单位收支管理内部控制评价——以重庆海事局为例[J]. 财会月刊,2019(14):92-97.

[38] 程平,范洵. 基于数据仓库的行政事业单位单位层面内部控制评价——以重庆海事局为例[J]. 财会月刊,2019(13):71-76.

[39] 孙惠,朱小芳. 行政事业单位内部控制问题探究[J]. 财会通讯,2012(29):110-111.

[40] 杨霁莞,程平,李陵. 基于云内控系统的重庆海事局收支管理内部控制信息化建设[J]. 财务与会计,2021(02):61-63.

[41] 丁妥,张艳辉,姚增辉. 行政事业单位内部控制评价指标体系构建研究——以×大学为例[J]. 会计之友,2018(04):102-106.

[42] 唐大鹏,李怡,周智朗,等. 政府审计与行政事业单位内部控制共建国家治理体系[J]. 管理现代化,2015,35(03):123-126.

[43] 唐大鹏,常语萱,王伯伦,等. 新时代行政事业单位内部控制审计理论建构[J]. 会计研究,2020(01):160-168.

[44] 刘业娟. 论行政事业单位内部审计项目质量控制[J]. 财会月刊,2019(S1):43-45.

[45] 张文鑫. 注册会计师开展行政事业单位审计业务探析[J]. 财务与会计,2019(23):68-69.

[46] 赵志瑜,马正恕. 行政事业单位审计问题思考[J]. 财会通讯,2013(31):122.

[47] 欧阳能. 行政事业单位内部控制审计探究[J]. 财会通讯,2014(07):121-122.

[48] 汪刚. 行政事业单位内部控制信息化探索与实现路径——基于云平台[J]. 财会通讯,2019(26):110-114.

[49] 白潇. 基于区块链技术的行政事业单位内部控制体系构建研究[J]. 财政科学,2021(03):94-102.

[50] 唐大鹏,滕双杰,常语萱,武威. 新时代行政事业单位内部控制信息化落地的分析和建议[J]. 中国注册会计师,2019(01):34-38.

[51] 王会川. 行政事业单位内部控制信息化建设路线探讨[J]. 经济研究参考,2017(34):109-112.

[52] 钟礼凤. 行政事业单位财务管理信息化建设的问题及对策[J]. 财务与会计,2018(16):43-44.

[53] 杨立艳,王永成. 基于全面预算管理强化行政事业单位内部控制[J]. 地方财政研究,2018(06):87-92.

[54] 葛洪朋,韩珺,王云. 对行政事业单位预算绩效管理的思考——以高校为例[J]. 财务与会计,2014(11):66-68.

[55] 蔡晓慧. 基层行政事业单位内部控制体系建设研究——以T市H区房管局为例[J]. 会计之友,2018(13):108-112.

[56] 曹宇. 新COSO框架对我国公共部门内部控制的启示[J]. 中国内部审计，2014(12):20-21.

[57] 刘玉廷，武威. 行政事业单位内部控制的基本假设重构——对公共受托责任视角的突破和整合[J]. 财政研究，2019(03):104-114.

[58] 凌华，李佳林，潘俊. 政府会计与行政事业单位内部控制的协同机理研究——以行政事业单位资产管理为例[J]. 财会通讯，2021(01):163-167.

[59] 王真. 新时代加强行政事业单位会计监督的实践与思考——以广西壮族自治区为例[J]. 财务与会计，2020(22):9-12.

[60] 王琨. 行政事业单位内部财会监督优化路径的思考[J]. 财务与会计，2020(19):14-15.

[61] 辛丽. 加强行政事业单位基建工作财会监督的思考[J]. 财务与会计，2020(16):10-12.

[62] 丁玉珍，贾永昌. 内部控制视角下行政事业单位廉政风险防控建设途径浅探[J]. 财务与会计，2021(14):86.

[63] 李连华. 腐败防控视角的行政事业单位内部控制研究[J]. 会计之友，2019(11):2-8.

[64] 曾嘉欣. 关于事业单位内部审计外包质量问题的思考[J]. 财会学习，2022(04):117-119.

[65] 罗星. 把握一体推进"三不"的深刻内涵和实践要求[N]. 中国纪检监察报，2021-10-28(005).

[66] 黄静. COSO内部控制框架演进发展研究[J]. 审计月刊，2018(04):38-40.

[67] 崔光. "廉政文化"与"廉洁文化"辨析[EB\OL]. http://theory.people.com.cn/n/2013/0930/c40531-23088000.html.

[68] 李雪勤. 关于廉政文化与廉洁文化的理论探索和工作研究[J]. 廉政文化研究，2022，13(02):1-3.

[69] 单航英，邵长斌，纽利根，等. 人本视角下行政事业单位内部控制文化建设——以嘉兴市为例[J]. 新会计，2021(07):13-17.

[70] 胡锡晟，周斌，许明金，等. 科研院所创新文化建设研究——以湖南省科学技术信息研究所为例[J]. 企业科技与发展，2020(12):27-29，32.

[71] 中国独立审计具体准则第20号：计算机信息系统环境下的审计[J]. 中国注册会计师，2000(04):62.

[72] 企业内部控制应用指引第18号——信息系统[N]. 中国会计报，2010-07-09(006).

[73] 郝刚. 国库集中支付制度下行政事业单位内部控制思考[J]. 财会通讯，2012(02):153.

[74] 唐大鹏，常语萱. 新时代行政事业单位内部控制理论创新——基于国家治理视角[J]. 会计研究，2018(07):13-19.

[75] 武威. 中国实践情境下行政事业单位内部控制[D]. 大连：东北财经大学，2019.